认知心理学

（彩色图解版）

THINKING AND KNOWING

[英] 戈登·D. A.布朗 等 主编
（Gordon D . A . Brown）
马 龙 王 梓 译
窦卫霖 审

人民邮电出版社
北 京

图书在版编目（CIP）数据

认知心理学 ： 彩色图解版 / （英） 戈登·D.A. 布朗 (Gordon D. A. Brown) 等主编 ； 马龙， 王梓译. 北京 ： 人民邮电出版社， 2025. -- ISBN 978-7-115-66299-6

Ⅰ. B842.1

中国国家版本馆 CIP 数据核字第 2025M8578A 号

内容提要

认知心理学是心理学领域中相对抽象，也相对有趣的重要分支，研究的主要对象是人类的思考过程，如感知、注意、记忆、语言和推理等方面。

本书对认知心理学领域的研究进行了系统的梳理，内容包括人脑与计算机的比较、注意力与信息加工、联想学习、表述信息、存储信息、语言处理，以及问题解决。书中还配有大量全彩图示和对相关知识点的分拆讲解，有助于提升读者的阅读体验，帮助读者轻松了解心理学与日常生活的关系。

本书适合对心理学感兴趣的读者，尤其是青少年读者阅读，希望大家阅读后能一窃人类定义与认识世界的方式，明辨善思，察己知人。

◆主　　编　[英] 戈登 · D.A. 布朗（Gordon D.A.Brown）等
　　　　译　马　龙　王　梓
　　　　审　窦卫霖
　责任编辑　姜　珊
　责任印制　彭志环

◆人民邮电出版社出版发行　　北京市丰台区成寿寺路 11 号
邮编 100164　　电子邮件 315@ptpress.com.cn
网址 https://www.ptpress.com.cn
涿州市般润文化传播有限公司印刷

◆开本：880×1230　1/24
印张：8.67　　2025 年 4 月第 1 版
字数：210 千字　　2025 年 7 月河北第 2 次印刷

著作权合同登记号　图字：01-2022-2806 号

定　价：49.80 元

读者服务热线：（010） 81055656　印装质量热线：（010） 81055316

反盗版热线：（010） 81055315

目录

第一章　人型计算机

从原则上来说，计算机和人脑同属一类。

信息加工方法是认知心理学的重要研究之一，其基本理念认为人脑和计算机的工作原理大致相似。但它们显然是有区别的，直接将二者进行比较并不总是十分科学。尽管如此，基于计算机来解释人脑原理的尝试催生了不少有趣的研究。

不像计算机，人脑没有保修期，不用插座充电，也不会因为安装了某些软件就“死机”。但是尽管人脑跟计算机有这么多外在的不同，它们的运行原理却常常很相似。

想象一下，如果一个外星智慧生命被派到地球上来观察这里的生命形式，它会怎样评价人类呢？乍一看，它也许会觉得人类真是毫不起眼。尽管身体构造颇为精妙，五种感官齐备，但没有一种称得上出类拔萃。相较之下，鹰的视力更好，狗的嗅觉更敏锐，蝙蝠的听觉也要发达得多。即便在同等体型下，也有许多动物比人类更强壮，更迅捷，效率更高。这么一看，人类确实不过是一种十分平凡的哺乳动物，畏热惧寒，难挡风雨，肉体脆弱不堪。

然而当人类的近亲，数量为好几百万的类人猿，如大猩猩和黑猩猩，还志得意满地过着平静的部落生活时，这星球上的80多亿人却忙着建城市，打造商业帝国。他们听着音乐，思考着自己的存在。20世纪末科技的快速发展更是让三个人类个体到月球上走了一趟。对于这些，外星生命十分费解，但也不得不感到惊艳。

正是人脑创造了所有这些伟大的成就。如果我们仔细观察，就会发现，人脑与机器真的很像。很多人不满这种类比，认为它贬低了人类。的确，人类跟那些汽车或者流水线机器人在表面上没什么共同点，但是换个角度来看，人类和机器都是由相互作用的元件组成的物理系统。

信息加工

现代哲学家和心理学家已经有力地论证了在所有机器中，计算机和人脑最为相像。这听起来可能有些奇怪，但人类和计算机确实有很多相似之处。它们都有硬件，人类包含大脑，而计算机包含复杂的电路。它们也同时配备软件，在这部分，思考能力可以和计算机中的程序对应。人脑是我们迄今为止发现的最复杂的结构。思考能力更是不可或缺。作为人类的内置硬件和软件，大脑和思考能力处理着海量的信息。

> 之前，我们也许还能争论计算机和神经系统在信息加工上是否有共性。但现在来看，二者存在共性已是证据确凿。
>
> ——赫伯特·西蒙（Herbert Simon）

现在来看看我们是如何处理视觉信息的。你的眼睛先是通过收集光线来获取颜色、轮廓、移动和纵深的数据。但仅仅靠光线无法辨认出眼前之物，你还需要加工这些视觉数据。想象你正在看一场橄榄球比赛，阳光在物体的表面发生反射，四散而去。你的眼球正好收集到了一些飞来的反射光，大脑的硬件——视觉通路（visual pathway），便开始工作。信息加工也由此启动。首先，眼球接收到外来的刺激。眼睛的外保护层——眼角膜对图像进行了聚焦和锐化。就像一台照相机有透镜，眼睛凭借晶状体也能实现精确聚焦。光线随后到达眼球壁里层的视网膜。在这里，光线会激活感光细胞。它们作为信息处理器，其中的一部分反映明暗，另一部分反映颜色。细胞把光线转换为神经信号，信号负责将电脉冲经由视神经送至脑后的视觉皮质（visual cortex）。此外，你还有软件的助力，大脑其他部分也会提供信息来帮你推测和理解你所看到的事物。视觉皮质通过拼凑起所有的信息完成了加工过程。此时，仅仅在球场上的光射入眼球的瞬间，你看见一名球员接球成功。触地得分！

如果我们接受人脑与计算机相似的观点，信息就可以被定义为穿梭于神经元网络之间的感官数据。光线射入眼球，声波传入耳朵，分子进入我们的嘴巴和鼻子，都是活生生的例子。信息还包含一切感官数据引起的神经冲动，例如，在视觉神经中穿行的电信号。信息加工即指这些数据的变化和转变。如果想要这个类比成立，那么我们必须假定人脑也包含某种机制或

要点

- 信息加工包含所有感官刺激的变化、转变，以及由感官刺激导致的神经冲动。
- 信息加工方法把人脑比作机器。人脑被看作是人类版本的计算机，而思考能力则是处理数据的软件。
- 通过信息加工方法，心理学家可以用计算机这样的实体来解释无形的心灵。
- 认知心理学家认为大脑将信息符号化，再将它们交由人脑加工。
- 认知心理学家通过考察客观结果来反推主观结果。他们运用康德的先验法（transcendental method），基于一系列事实，提出了信息加工活动的可能顺序，这样得到的结论是可供检验的。
- 信息加工方法被广泛运用于许多领域，包括感知、注意力、记忆、心理表征、问题处理及语言。
- 联结理论（connectionist theory）认为是神经细胞组成的网络在加工信息。这种理论对于人工智能和语言学等领域有重大影响。
- 还原论（reductionism）是反对信息加工方法的主要理论之一。批评家认为直接把适用于非生命体的物理规律运用到生命体身上太过草率。

是软件，用于处理信息。这种加工过程被称作认知，从广义上来讲，认知涵盖了我们对于这个世界的所有思考。

把你自己想象成计算机，任务是将两个数字相加，然后产出结果。相加就是一种信息加工，因为它转变了原始的数据。你接收到任意两个数字，如 2 和 4。要将二者相加，你就得先将它们与自己的加法程序适配。理论上讲，大脑确实能够储存所有的加法答案（如 1 + 1 = 2，8 + 2 = 10，83 + 91 = 174），但这对于记忆的负担太大。所以人脑只储存一个计算式，用来解决所有两数相加的问题。这就是认知过程。此外，人脑需要把相加问题转化为一个符号式，如 A + B = C。在 2+4 的例子中，把 A 换成 2，B 换成 4，就能得到结果 C 为 6。

心灵机器

人脑远比一些简单的计算机硬件和软件要复杂，但类比两者确实能够很好地帮助我们通过计算机来解释人脑的功能。心理学家们也有了描述行为和解释数据的新方法。例如，认知心理学家认为人脑和计算机相似，它们在加工信息时都以任务为导向，目的明确，有条不紊。而行为心理学家却不这么认为，在他们的理论中，人类是十分被动的，思想和行为主要是环境影响的结果。认知心理学家还会以通过实验来揭示思考的过程。行为心理学家却认为思考能力是不可观察或度量的。

认知心理学家认为大脑和计算机同为符号处理器。计算机使用二进制数 0 和 1 来指代所有信息。这些数字经程序处理，在计算机内发出微小的电脉冲。人类也用符号来表述信息。心灵就等同于计算机程序，负责处理这些符号。最终，它们化作数百万的神经冲动信号穿梭在大脑通路上。不同的计算机程序让你能执行许多不同的任务。例如，你能通过字处理程序来写信，也能在游戏程序搭建的幻想世界里打败邪恶生物。 相应的，人脑中固有的程序可以处理各种信息，帮你做出决定、认识事物、解决问题和运用语言。

认知心理学家发现的程序和符号都是有形的，但也可以不用实体来描述。换句话说，信息加工的阐释可以是抽象的。在视觉的例子中，生理学家可能会谈论信息的加工过程，从眼睛到视神经再到视觉皮质。但是认知心理学家用 A、B 和 C 也能把这三处阐释得很好。事实上，认知心理学家常常可以不运用任何生理学知识，就能把视觉处理中一切重要的东西阐述清楚。当然，视觉系统的一端需要能收集光线的物体，比如眼睛或者摄像机。另一端则需要一系列程序来完成视皮质的工作，拼起所有加工过的信息。这样的处理过程通常需要计算机来完成，但是认知心理学家认为任何通用的计算装置都可以做到这一点。如果这是真的，那所有通用计算装置应该都可以复制大脑的功能，我们可能只需要输入相同的程序，即心理学家使用信息加工方法发现的人脑程序。

局限

信息加工的理论也遭到了许多批评，其中最频繁的抨击之一来自还原论，还原论者尝试用非生命体的物理定律来解释生命体的运行。而支持信息加工方法的心理学家也想要从计算机这个非生命体的角度来解释生物、思考能力及环境之间的复杂关系。这种方法可能会被认为是不准确的，但总体上还是有价值的。

任何信息加工系统都有速度和容量的上限。一个程序也只有限制了容量才能做

像天空中的星星一样，地球上的所有事物都由大致相同的基本元素组成。根据还原论，人类也仅仅是这些元素交互的结果，一切都处于大自然力量的管辖之中。

到准确和高效。例如，即使你确实可能一下子看到所有内容，也不可能在一秒内读完一整本书。你的阅读程序既没有这个速度，也没有这个容量。一次做太多的事情反而会让我们笨拙而低效。速度和容量的限制是信息加工方法中有关心理学理论的重要组成部分。

> 科学也许是一门过度简化的艺术。
>
> ——卡尔·波普尔爵士（Sir Karl Popper）

自下而上和自上而下

按照惯例，等级制度是用来区分事物和组群的。认知系统便是基于等级制度。被加工过的信息，如听觉和视觉上的感官刺激，位于这个等级制度的底部。而最复杂的认知系统都处于等级制度的顶层，如注意力、记忆、语言和问题求解。所以，除了最底层，任何一个层级都会比其下方的层级更详尽。除了最顶层，任何层级都比其上一层级更笼统。在这个制度中，信息既可以自下而上地传播，也可以自上而下地传播。在层级之间移动就是信息加工的一种形式。

> 我们应该知道大脑是一切快乐、愉悦、笑声和玩笑的源泉，也是哀愁、痛苦、悲伤和眼泪的唯一来源。通过它，我们思考、观察、倾听。通过它，我们能够识美丑、知善恶、懂喜忧。
>
> ——希波克拉底（Hippocrates）

自下而上的加工指的是信息从等级制度的底部流向顶部。低层次的认知系统对

电话中的自下而上（bottom-up）和自上而下（top-down）加工。你对铃声的反应是自下而上的：你听到电话响了，把这个信息符号化，确认是某个人想跟你说话。接电话则是自上而下的：你意识到了必须去接电话，所以拿起了听筒。

知觉信息进行分类和描述，将它们传输给更高的层级，以便于进行更加复杂的信息加工。在视觉的例子中，自下而上的加工指的是光线被视网膜处理，沿着视神经和视觉通路移动，最后激活了视皮质中的细胞。

自上而下的加工由概念驱动，指的是信息从等级制度的顶部流向底部。个体在更高层级中储存的信息，比如过去的经历，会影响认知系统中的知觉信息。

由于自上而下的加工的影响，你能从鲁宾之杯的图里看到一个白色花瓶或是两张互相凝视的黑色脸庞，但不会同时看到二者。1915 年，这幅错觉图因丹麦心理学家埃德加・鲁宾（Edgar Rubin）而名声大噪。

鲁宾之杯（Rubin vase）就是自上而下加工的一个常用例子。如果我们之前看了许多面部的轮廓，唤起了对脸的记忆，自然就会把鲁宾之杯看成两张互相凝视的黑色脸庞。同样地，如果我们最近看过一些有花瓶轮廓的图片，就会把它看成花瓶。由于我们是在看同一张照片，自下而上的加工的方法是相同的。因此，一切知觉都是心灵对于所见之物的解读。这个自上而下的加工的例子有些极端，所有进入系统的信息都会被我们已有的认识所影响。

1988 年，美国心理学家、哲学家杰瑞・福多（Jerry Fodor）提出了自上而下的加工的替代理论——模块性理论（theory of modularity）。福多主张自上而下的加工只会在特定时间发生在认知系统中的某些部分。他不认为大脑中储存的所有信息都能潜在地影响新信息。

三组科学家

各个领域的科学家都在使用信息加工方法。他们大体上可分为三组：实验认知心理学家、认知科学家和认知神经心理学家。尽管他们的专业领域和兴趣不同，但他们的研究可能都涉及人工智能、语言学、神经科学和认知人类学中的一些相同话题。

实验认知心理学家常常专注于收集实验数据，想要确定记忆的储存方式。他们经常在实验室中测试理论，让被试在不同条件下背记词汇表。如果结果显示，相较于中间部分，被试更倾向于记住列表开头或结尾的单词，那么认知心理学家就会探究词汇表是如何被加工的，储存在大脑中的何处，又是怎么被记起的。

认知科学家基于程序和符号搭建了计算模型。相较于理论，模型更加具体。认知心理学家的理论研究常常能帮助认知科学家开发这些模型，但信息的交互是双向的。比如，上述记忆现象的计算模型可能包含着用 C 语言或 BASIC 等计算机语言写成的程序。当输入一列单词时，程序可能会给出人类的反应。模型十分实用，它们能生成预测，并任由摆布，而对人类这么做显然是不道德的。

哲学家大卫·休谟（David Hume）主张因果关系的知识来源于主观经验的积累。因此科学带有主观性的弱点，因为它想通过因果来解释事物。

认知神经心理学家把研究聚焦于大脑本身，特别是那些大脑因故受损的人。例如，如果一个病人在阅读方面有特定问题：他们看不到“and”和“the”这样的结构词。另一些病人的症状则相反，他们只能看到结构词。认知神经心理学家就会推测结构词和其他类型的单词是在大脑中不同的部位加工的。因此，他们相信某些信息类型的加工和大脑中的特定领域是相关联的。尽管现实中的例子很少如此清晰，但认知神经心理学家已经运用这种证据来评价认知心理学家的理论，并且提出他们自己的理论。

心灵的科学

心理学和其他科学领域最显著的区别在于研究对象。传统上，科学家研究物理对象，如原子、电子、细胞、行星，以及影响它们的过程。然后得出结论，基于观察提出理论。然而，认知研究围绕着心灵这个非物理对象。心理学家通过信息加工方法将心灵的影响作为一个物理量来研究，增加了研究的科学性。如果把人脑比作计算机，思考比作程序，许多心理学家就可以区别于行为心理学家，以一个完全不同的视角看待心智处理。他们能用计算机程序来验证有关大脑运行方式的猜想，甚至说明加工过程中的具体步骤。使用计算机术语来描述大脑和思考的功能也确实带来了许多新发现。

19世纪末的哲学家们发展了现代心理学。1879年，现代心理学之父威廉·冯特（Wilhelm Wundt）在德国莱比锡建立了第一个心理学实验室。冯特依靠内省法（introspection）来研究心理过程。他设计了复杂的实验，鼓励人们发掘自己的意识经验是如何被实验影响的。通过这种方法，冯特相信自己可以发现思考的运行原理。研究人员需要被试报告自己的观察，而不是直接观察他们。

> 在行为主义者眼中，心理学是自然科学的一个纯客观的实验分支。内省法并非其必要的实验方法。
>
> ——约翰·B. 华生（John B.Watson）

内省法很快就无法满足心理学家了，因为这种实验的结果在两个很重要的方面有缺陷。首先，如果被试在实验发生之后报告体验，他们就只能依赖自己的记忆。但记忆是构建而成的，容易出错，偶尔还会有虚构的成分。再者，被试很难正确观察自己的心理过程。他们无法深入自己心理过程的内部运作，比如认知和归类，自然也不能指望他们解释这些过程。最后，内省法产出的观察是主观的，而非客观的。

想象桌子上放了一个苹果。这个苹果的客观信息包含了它的重量、成熟度以及任何其他可测量的特性。主观信息则包含了苹果的口味，过去吃苹果的记忆，苹果的用途等。主观信息是片面的，属于个人解读。客观信息则是公正的，所以更能反映这个苹果的真实状态。因此，现代心理学家们在开展实验时更加信赖客观性。

先天概念

心理学家没法像看一个苹果那样看待心灵。在物理意义上，心灵是不存在的。那他们怎么客观地研究心灵呢？认知法更关注心灵的影响而非心灵本身。例如，对于蜘蛛的恐惧属于主观经验，但瞳孔放大，呼吸和心跳加快是可测量的，它们都是恐惧的物理显化。认知心理学家想要消除一些理论中的薄弱点，如冯特的内省法和之后的一些心理学学派。他们受到了一系列杰出思想家的影响，其中有法国数学家、哲学家勒内·笛卡尔（René Descartes）、英国哲学家约翰·洛克（John Locke）和大卫·休谟，以及最重要的德国哲学家伊曼努尔·康德（Immanuel Kant）。

洛克和休谟认为所有的知识都来源于感官体验的积累。新生儿的大脑就像一块

人物传记

伊曼努尔·康德

伊曼努尔·康德常常被认为是最具影响力的思想家之一。他出生于普鲁士的柯尼斯堡（现为俄罗斯的加里宁格勒），曾在腓特烈中学和柯尼斯堡大学接受教育。父亲去世后，他被迫放弃学业，做家教维持生计。1755 年，康德重拾学业，获得了博士学位。他在大学里任职 15 年，教授科学、数学、地理和哲学。康德的哲学以认识论（epistemology）为中心。认识论常被定义为“人类知识的希望、起源、本质和边界”。他相信人们对于现实的理解部分来源于天赋（先前存在的）观念。没有这些观念，世界便是不可知的。它们可被分为数量（事物的多少）、特征（事物的种类）、关系（事物间的互动）和形式（事物的用途）。我们只有通过把它们运用到日常生活中，才能理解这个世界。

从 1770 年到 1797 年，康德在柯尼斯堡大学担任逻辑和形而上学的教授。他的一些学说，尤其是有关理性主义的探讨，触怒了当时的普鲁士政府（康德的理论指出知识来源于理性而非经验，更非上帝的启示）。因此，普鲁士国王腓特烈·威廉二世（Frederick William II）禁止康德谈论或者写作宗教话题。此后的五年，康德不得不服从皇帝的命令。直到 1794 年皇帝去世后，他才得以继续自己的教学和写作。十年后，康德去世了。

伊曼努尔·康德创立了一套推理理论，被称为先验法或归纳法（induction）。

“白板”（a “blank slate”），一切观念都来自后天的生活经验。生活教会了我们一切，包括身份、关系和因果等观念。休谟曾被因果观短暂困扰过。因果关系是指事件原因及影响之间的关系。你踢一脚球，球就会动；你捶一面墙，手就会痛。

再举一个例子，当父母熟睡时，你在他们耳边突然拍手，会把他们吓得一激灵。在休谟看来，你对于拍手（原因）和父母的恼怒（结果）二者关系的认识来源于“拍手”和“父母”两个观念的融合。但如果它既不存在于“拍手”的印象中，又不存在于“父母”的印象中，那么这个因果的认识又是从哪来的呢？休谟认为它来源于个体的主观经验，并且只是基于巧合。休谟的观点暗示了由于主观性的弱点，因果关系可能无法被正确地认识。科学基于客观性，但同时也依赖对因果关系的观察。因此，科学带有主观性的弱点，这可能会导致偏差。

康德不认同“白板说”。他认为有一些观念是先天的，与生俱来的，如因果、逻辑、物质、空间和时间。用现在的话说，它们被编入了我们的基因里。心灵借由这些先天观念和感官经验的积累共同构建知识。这些观念被称作先验（*priori*，意为“在经验之前”）。人脑需要先验观念就如同衣在橱里挂衣服要用衣架一样。

先验法

同现代认知心理学家一样，康德想要用客观的方法研究主观的先验观念，这就导致了一个问题。康德意识到主观的事物会维持主观性，就像客观的事物保持客观一样。任何想要找到真相的人都必须偏向客观和公正的信息，因为它们天然地更接近于真相。但是康德在这种困境中找到了一条出路。他提出了一种推理方法，不同于亚里士多德（Aristotle）的演绎逻辑，这种方法提供了一种可能的而非确定的结论。通过牺牲确定性，康德得以利用主观的数据得到客观的结论。这种方法被他称作先验法。

先验法又叫归纳法，因为观察是发生在解释之前的（在亚里士多德的演绎逻辑中，解释先于预期的观察）。阿瑟·柯南·道尔爵士（Sir Arthur Conan Doyle）创作的侦探角色夏洛克·福尔摩斯（Sherlock Holmes）在华生手表案中就运用了这个方法。

把你自己想象成福尔摩斯。你用先验法查案，以已有事实或一系列新发现的事实为起点。你从你的朋友华生医生（Dr. Watson）那里收到了一只表。这块表有几处明显的特征，比如，（a）上面刻有名字的首字母 W，（b）生产日期为 50 年前，（c）表壳内部有几处刻上的数字，（d）表扣上有凹口，以及（e）手表上到处都是划痕。

现在问问你自己，这块表为什么会是这个样子的。仔细检查每一处特征，运用你已有的知识，推测出一个合理的解释。例如，将事实（a）与事实（b）结合，表上刻有字母 W（由于是华生把表交给我们的，故先假设 W 代表华生），并且手表已经出厂 50 年。我们便可以推测，这块手表属于华生的父亲。但又因华生的父亲已经去世，手表可能被遗赠给了他的大儿子。事实（c）中提到的数字可能是被当铺老板刻上去的，暗示华生的哥哥家道中落。每个例子中，我们都可以看到可观察的事实是如何影响推理答案的。

如果答案和事实非常匹配，就可以停下来。如果不吻合，就继续推理。任何时候都可以加入新的事实，使推理能够更进一步。例如，新事实（f）：华生慌张的面部表情，让你确信自己猜对了。

和康德一样，认知心理学家也想用客观数据开展研究。基于一组事实，他们可

夏洛克·福尔摩斯和他的朋友华生医生在火车车厢里。阿瑟·柯南·道尔爵士创作的侦探角色夏洛克·福尔摩斯在华生手表案件中运用了先验法这种推理方法。

以运用先验法反向推导，提出一系列信息加工活动来解释这些事实，然后再测试这些活动。研究中运用的方法是科学的，具有可靠性（他人复制实验后可得出相同结果）和合理性（措施保证测试只针对预定的现象而非其他现象）。

就如同所有信息收集的过程一样，最终的成果会受限于信息收集工具的质量。你不能指望竖起一根手指就可以理解和预测天气。心灵和天气不同，它在物理意义上是不存在的。大脑当然属于物理客体，但心灵并不依附其上。心理学家只能通过

研究心灵的影响进行有根据的推测，但无法研究心灵本身。当物理学家尝试发掘亚原子粒子的本质时，也遭遇过同样的困境。这意味着用于研究和测量的工具必须是清楚有效的，有时甚至是要精巧的。

相较于其他科学方法，使用先验法类比心灵和机器能够产生更完整的心灵图像。身处21世纪的我们只想向前看，但值得铭记的是这种类比的方法甚至可以追溯到古希腊的哲学家。另外，如果没有这些研究人员和他们精巧的工具，认知科学可能会颗粒无收。

焦点

《华生手表奇遇记》

（*THE ADVENTURE OF WATSON'S WATCH*）

——约翰·H. 华生

（John H. Watson）

改编自阿瑟·柯南·道尔爵士的《四签名》（*The Sign of Four*），发表于1891年《海滨杂志》（*Strand Magazine*）。

没有其他人比我亲爱的朋友夏洛克·福尔摩斯先生更有资格做国王的臣民了。在我垂垂老矣的最后时光，我想知道对于这位独一无二的私人侦探，还有什么轶事值得与大家分享。回顾福尔摩斯探案史，我发现许多情节颇有些煽情的意味。因此，我决定用一则故事来冲淡这种煽情味，我为故事起名为《华生手表奇遇记》。这则轶事的独特之处在于，虽然没有牵涉伦敦邪恶的底层犯罪，却彰显了福尔摩斯独特的探查能力。

那是三月份的一个阴郁的夜晚，我去他在贝克街的住处拜访他。我们享用了赫德森太太帮忙准备的丰盛晚餐。夜幕很快降临，除了远处的马蹄声，房间里十分安静。“福尔摩斯，我这儿有一块手表，”我说道，他停下了手中转动的化学仪器，饶有兴趣地注视着我的手表，“能请你谈谈这块手表的已故主人的性格吗？就当作是对你演绎推理能力的测试。”“我亲爱的华生，我的方法主要借鉴了伟大的哲学家伊曼纽尔·康德的归纳法。但是，还是让我看看这块表吧。”

我把手表递给了他，心里觉得有些好笑。他把手表拿在手里掂量着，仔细查看了表盘，打开了后盖，先用肉眼观察，然后掏出一个高倍放大镜查看起来。

“好了。这块手表是你哥哥的。他继承了你父亲的遗产。我发现，首字母‘W’代表你的名字，手表的生产日期都快有50年了，这个字母和手表一样古老。手表是为下一代制作的，珠宝饰物通常会留给家里的长子，他最有可能和父亲同名。如果我没记错的话，你父亲已经去世多年了。因此，这块手表一直在你大哥手里。还有，他既邋遢又粗心。”

“你从哪儿看出来的？”我承认我被他的坦率激怒了。

“他本来前途光明，但自暴自弃，大多数日子陷在贫困中，没过几天好日子，最后过度饮酒毙命。我只能看出这些了。”他把手表还给了我。

“天哪，你说得太对了！但是不可能光看看手表就能知道这么多。”他的分析刺痛了我。

“你明白，”他说，“我只是做了可能性衡量。我根本没想到会这么准确。”他伸手去拿烟斗，开始装烟叶。“我一开始就说你哥哥粗心大意。如果观察表壳的下部，你会注意到上面有两处凹陷，而且由于习惯于将其他硬物，比如，硬币或钥匙，与手表放在同一个口袋中，手表到处是磨损的痕迹。所以我断定，一个如此漫不经心地对待一块50几尼（Guinea，英国旧货币名）手表的人一定很粗心，“毕竟这是一件这么贵重的遗产，那么他在其他方面应该也是如此，当然这一推论并不牵强。”

我点点头，表示我理解他的推理。

“英国的典当商在取走一只手表时，会习惯性地在表壳内侧刻上票号。这比贴标签更加方便，因为没有丢失或被调换的风险。我用放大镜看了一下，这个表壳的内侧至少有四个这样的票号。第一个推论：你哥哥经常入不敷出。第二个推论：他偶尔也会发笔横财，否则他不可能再把手表赎回来。最后，我请你看看内链板，这里留下了钥匙孔。看看这个洞周围无数的刮痕，这是钥匙滑擦的痕迹。哪个清醒的人的钥匙会有这么多凹槽？这正是酒鬼打开手表时留下的痕迹。”福尔摩斯吸了一口烟斗。

我被他说服了。“我承认这是我那不幸哥哥的真实生活写照。”

“人们常说，一个人的财产会带有原主人不可磨灭的印记。”

“但是解读那些印记才是非凡的！”我脱口而出。

“不是这样。过程很简单。只有那些脱离了推理链条的推论才非同寻常。”他拿了一本书给我。封面上写着《纯粹理性批判》（*The Critique of Pure Reason*）。

我翻阅着厚厚的书页。“哎呀，福尔摩斯，你的方法在书里都有详述——然而在这次谈话之前，你既没有提到过这本书，也没有提起过康德这个人。”

福尔摩斯诡秘地笑了笑，接着传来了敲门声。莱斯特雷德探长发来了一封电报。不久后，我们打电话要来了靴子并预订了一辆出租车，为一次最奇异的冒险做好了准备。至于康德先生，我再也没有听到过这个名字。

反应时间

反应时间是认知研究中最常用的度量指标之一。比如，研究人员给你看了计算机屏幕上的某个单词，让你一做决定就按下某个键。什么样的决定呢？他可能会给你看一串单词，比如，“oxen”“rout”“wont”等。之后是“game”“hello”“take”等。第一串单词的拼写都是正确的，但并不常见，第二串单词则更常见。如果是要决定词语是否有意义，那么你看到常用词时往往反应更快。同样，如果我给你看了一些无意义的词，比如，“gont”“faln”“yert”，相较于分辨“hlut”“pryn”“trah”，你决定的速度会更慢。这取决于其中的字母组合是否常见。

前一串无意义的词中包含高频的英语字母拼写组合（“nt”“ln”“rt”）。第二串词中则不包含（“hl”“yn”“ah”）。频率效应（frequency effect）是认知心理学中的公认事实之一，也是许多理论的基础。可能会让你惊讶的是，光是在人们处理不同刺激所花时间这一点上，就有着许多相互矛盾的理论。从一开始，反应时间测量就是认知心理学中的关键，在可见的未来可能也还是如此。

这张铁轨图片是三维的吗？为什么？你觉得如果一个人从没见过这样的图片，会有什么反应？在感知研究中，研究人员运用视错觉来测量反应时间。

思考就是明白。

——奥诺雷·德·巴尔扎克（Honoré de Balzac）

焦点

大脑之窗

一些研究者认为通过在受控条件下监测大脑活动，我们就可以了解心灵。这种研究方法有很多证据的支撑。当大脑受到伤害时，心灵也会受到伤害。通常，如果大脑的特定地方受损，心灵的特定功能就会相应受损。测量大脑活动还有一个优势。认知理论可能存在很多种形式，而“低级”的生理学证据可能会有助于发现“高级”的认知功能，比如，记忆和问题解决，提供了更多误差的空间。因此，尽管我们很难通过大脑本身解释心理现象，从大脑中收集数据无疑也能帮助解释一些高级的认知功能。

单细胞记录

神经元是大脑的业务细胞，负责所有的神经活动。单细胞记录以神经元为对象，一个微电极触碰一个细胞。神经元以电脉冲的形式传递信息。静息状态下，神经元可能会在一分钟内放电几次。当细胞处理信息时，放电频率就会增加。通过改变刺激，比如视觉上的，以及改变研究的神经元，研究者可以勾勒出进行不同视觉作业时，哪个部分的大脑变得活跃。加拿大神经生物学家大卫·休伯尔（David Hubel）和托斯坦·维厄瑟尔（Torsten Wiesel）在1962年一起依此揭开了视觉皮质惊人的复杂构造。这个发现支撑并且规范了低层次感知的理论。

脑电图研究

脑电图（EEG）是用来测量大脑表面电流活动的一种方法。脉冲在神经元之间的移动导致了电流活动。对于大脑的整体功能，脑电图已经提供了非常宝贵的信息，包括睡眠的不同阶段和其他基础的生理学过程。但是，研究起心灵来，脑电图就显得有些笨拙了。第一，电流活动可以自发地变化；第二，这种活动只针对大脑表面，并不能反映深层的活动。虽然我们对于第二个问题束手无策，但第一个问题可以通过使用平均诱发电位（averaged evoked response potential）来解决。在一项实验中，研究人员给予了对象一系列相似的刺激，并记录了脑电活动。在呈现时间内，脑电活动被平均了，以此减弱自发活动的影响，只留下了由刺激诱发的活动。一些研究者把阅读脑电图比作把耳朵靠在墙上偷听隔壁说话。但是，脑电图可能会被用来区分那些集中于大脑不同区域的活动过程。

正电子发射断层扫描

大脑需要燃料来工作，比如氧气、糖和其他养分。血液负责运输这些燃料。大脑中任意一部分参与作业时，这个部分就会需要更多的燃料。对于特定作业，我们首先可以通过监测血液流量，观察哪些区域工作得更努力。这能帮助我们确定大脑不同区域的功能。名为正电子发射断层显像（PET）的扫描技术使用放射性同位素来测量血液流量。同位素在注射之后会穿过大脑和血液间的障碍，进入神经组织。由于同位素具有放射性，它们很快会变得不稳定，释放出一种叫作正电子的粒子。当正电子和电子相撞时会释放出两个光子。更重要的是，这两个光子会朝完全相反的方向飞去，被环绕着大脑的探测器记录下来。两个碰撞点之间形成的直线会显示光子的出发点，相应地，也会指示正电子的位置和血液流量。光子越多，血液就越多。由于正电子可能会在撞击电子之前移动一小段距离，发射断层显像无法做到非常精准。另外，扫描会持续数分钟，所以短暂的变化可能会被忽略。

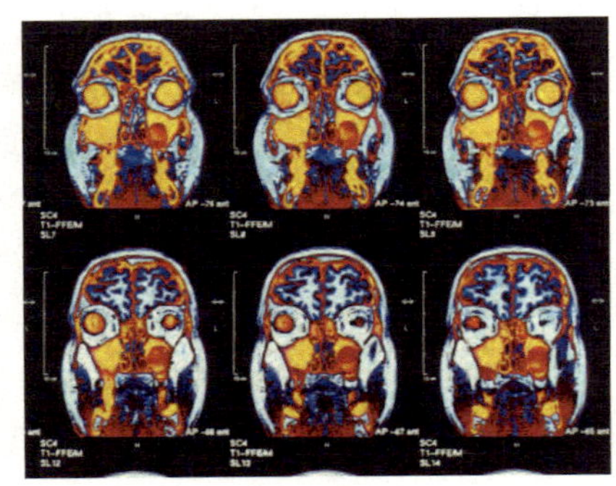

正电子发射断层显像定位大脑中血液流量上升的区域，是一种能准确测量局部脑血流量的方法。

视觉

看，似乎是一件很简单的事情，所以外行常常会因为心理学家为什么会费力研究它而感到震惊。但眼睛真的就如同照相机吗？图片是在大脑中的某个地方被看到的呢？

信息加工取向认为心灵可以被比作依靠符号工作的计算机程序。当人工智能研究者试图编写程序，指导机器像人一样观察时，问题很快产生了。比如，尽管没有处理的经验，机器经设计也可以躲避碰撞，寻找燃料。但是，研究表明，这样的机器需要许多感官子系统，才能在这样一个复杂的世界中不出错。任何负责将机器感官输入转化为深奥的场景“理解”的计算机程序，必须得是快速、适应性强和复杂的。即使是检测空白背景上一个简单几何图形的边缘，也都需要复杂的数学运算。认知心理学在理解感知上做出的贡献是无与伦比的。研究已经表明人类的视觉处理系统复杂至极，分工明确。

注意力

我们的世界充斥着感觉、图像、气味、声音和味道。你正在阅读这段文字，但脑子里可能想着其他的事情，它们都让你分神。注意力使我们能够专注于传入信息的个别片段，因此是认知心理学的一个重要研究领域。英国心理学家柯林·彻里（Colin Cherry）是注意力领域中最具影响力的研究者之一。1953 年，他将目光转向了“鸡尾酒会效应”（cocktail party effect）。

这个女孩可能正想着自己的男友，在周末晚上和朋友一起出去玩，明天的曲棍球比赛，或者任何其他事情，反正不是她面前的作业。我们处理手头上信息的能力是有限的，因为很多其他的想法对我们也同样重要。

这种效应是指当你在一个拥挤的房间里与人交谈时，背景的人声嘈杂而无意义。但这时，如果有人说出了你的名字，尽管它也属于背景噪声的一部分，但是你却能听得很清楚。鸡尾酒会效应表明，注意力是一个主动过程，不重要的感知会被过滤。信息加工研究很长时间以来都在尝试解释注意力背后的机制。有一个理论认为，由于信息加工受限于容量，大脑区域会放慢加工速度，强迫我们关注正在加工的信息。

> 所有人都知道注意力是什么。大脑从若干个同时发生的事件或思路中过滤出一个并加以清晰、凝聚。专注的本质是意识的聚焦和集中。
>
> ——威廉·詹姆斯（William James）

注意力集中的话，从三个核桃壳下找到小球并不困难，但如果有四个、五个或者六个核桃壳呢？为了提升记忆的速度和效率，我们能记忆的内容是有限的。

焦点

聚焦联结主义

联结主义（connectionism）是使用互相联结的结点搭建大脑生理模型的一种方法。这一方法是值得注意的，因为从理论上说，它不会被信息加工的传统观念所束缚。

1943 年，美国神经科学家沃伦·S.麦卡洛克（Warren S.McCulloch）和美国逻辑学家沃尔特·皮茨（Walter Pitts）第一次在论文中提出了神经网络的概念。他们试图解释大脑如何通过相互连接的简单神经元系统产出高度复杂的模式。麦卡洛克和皮茨认为相互连接的神经元群组像网络一样工作。麦卡洛克—皮茨模型（the McCulloch and Pitts model）是高度简化的神经元模型，但对于描述大脑的功能非常重要。

联结主义网络很重要的一点是，神经元一开始并不是优秀的信息处理器，而是随着时间推移，在群组中才掌握这种能力。1957 年，弗兰克·罗森布拉特（Frank Rosenblatt）搭建了第一个人工神经网络。他的感知器只有一个输入层和一个输出层，但是其识别简单模式的能力却给科学家们留下了深刻印象。之后，马文·明斯基（Marvin Minsky）和西蒙·派珀特（Seymour Papert）提出感知器受到自身层级数量的限制。在 20 世纪 60 年代，认知心理学家开发了包含多“层”人工神经元的模型，可以用来解决简单的数学问题，这使得神经网络更加强大，更具有生物可信性。

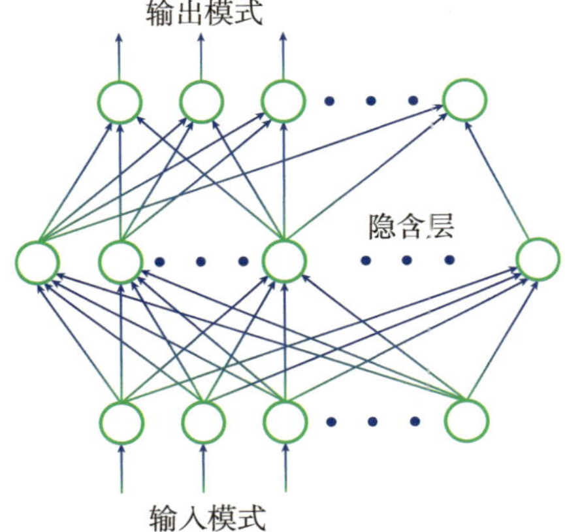

这个多层级的神经网络包含一个输入层、一个隐含层和一个输出层。每个神经元从环境或者上一层中接收到输入信息，并向下一层输出。对于神经元的输入可能是兴奋性的也可能是抑制性的，这些信号经过分析后都会用来决定输出的强度，也会相应地变成下一层的输入。神经网络极其擅长学习刺激和反应之间的关系。网络受到训练后便时刻准备着完成作业。动词从现在时（刺激）到过去时（反应）的改变，就是一个例子。

这样的网络是由排列在层级中的人工神经元组成的。一个神经元可能会使与之相连的任意神经元兴奋或者抑制，尽管它们的连接通常是单向的。网络接受和加工的所有刺激都被编码为一种激活模式（神经元开或者关）。当网络工作时，一切信息都变为分布在整个网络中的激活模式。（这和传统观念中的信息加工相冲突，其认为心理表征并不是分开的符号）。即使包含数量相对较少的神经元，许多表征也可能被储存在网络中。最终，神经网络的行为是由人工神经元的数量、排列方式、学习过程和经历的刺激所决定的。

记忆

从某种意义上讲，记忆塑造了我们。我们对生活经历的记忆被称作情景记忆（episodic memory）。回忆的能力依靠于语义记忆（semantic memory）。

复杂习得行为的记忆被称为程序性记忆（procedural memory）。这三种存储方式还有更深层次的区别。第一种类型是一种过渡记忆，指的是感觉器官中未深度加工的视觉和听觉信息。第二种类型是更熟悉的短期记忆或者工作记忆，它能存储几秒钟的有限数据。第三种存储类型是长期记忆，能被永久储存。

许多认知心理学家认为对于信息意义的考查可以让其从工作记忆转变为长期记忆。考查得越深，转变效果越好。其他人则认为当大脑比较新信息和长期记忆中的旧信息时，存储才会发生。但最重要的问题还是悬而未决的：记忆是否准确，能否被改变呢？工作记忆被加工为长期记忆背后的机制是什么呢？

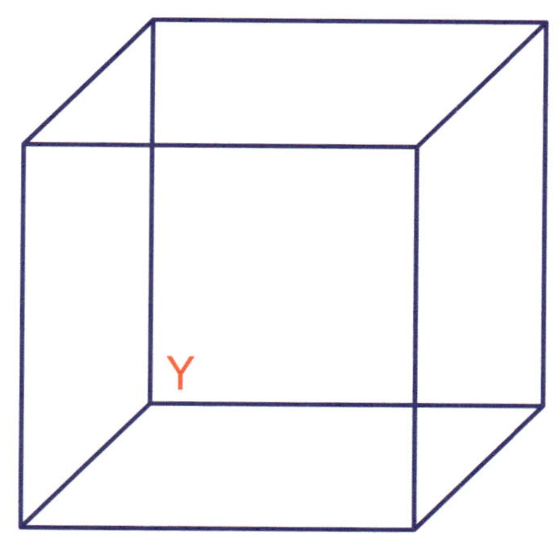

在观察视错觉纳克方块（the Necker cube）时，标注在角落的字母“Y”有时看上去像是在方块的前方，有时像是在后方。格式塔心理学家认为是观察者重新构建了这个方块，然后以其中一种方式来理解它。

心理表征

心理表征（mental representation）是指心灵对于外部物体或想法的内部再现，它已经困扰了心理学家和认知科学家很长时间。这个宏大主题构成了诸多心理学领域的基础，包括视觉、记忆、语言和问题解决。心理表征观点的进步很大程度上要归功于大脑功能的联结主义模型。这些模型表明，心理表征能在神经元网络间以激活模式分发，而不是用离散的数据包。但是，一些研究者认为，这两种观点只是从两个视角描述同一件事。其中一个很重要的观念是意向性（intentionality），它指出了物体和心理表征之间的区别。对于一些心理学家来说，意向性是人脑这种认知系统的关键特征。

问题解决

大部分人类行为都包括问题解决，比如，在抽屉里找袜子，把两个数字相加，决定乘火车还是巴士。问题解决和决策囊括了所有心理过程，感知、记忆、注意力、语言等，也是人类思考的一部分。问题解决是通过操纵心理表征或者周围的实体来达到特定目标的行为。

格式塔心理学家认为问题解决特别倚仗洞察力和既有经验。格式塔心理学（gestalt psychology）因反对主流的行为主义视角而引人注目。行为主义者认为问题解决只是一个试错的过程。在这个过程中，成功的方法会被巩固，然后储存到记忆中。随后，数学家艾伦·纽厄尔（Allen Newell）和经济学家赫伯特·A. 西蒙（Herbert A. Simon）开发了极具影响力的通用问题解题方法（General Problem Solver，缩写为GPS），其基础是假设人类的思维过程与计算机的功能相当。

其他研究已经发现，特定任务的知识对于诸如棋局问题、物理谜题和计算机编程的表现有深远影响。关于问题解决本质的现代观点包括先天论（先天的）和经验论（习得的）两种因素。

语言处理

就像感官知觉一样，语言处理看上去似乎很简单，但是从信息加工的角度来说，这其实是个非常艰难的工作。即使是最复杂的计算机程序也难以把原始声波转化成话语，然后对它进行划分、归类，并辨别其中的语法。但一个人每天可能要听到多达十万个词语，并且几乎全能听懂。大部分人无法理解句子的短语标记图，它描绘了词语之间的语法关系。但是你每次听到一个句子时却都能很轻易地拆解，一天能做成千上万次。语法使得人类语言明显区别于猿猴使用的手语。如果你读到这个句子“无色的绿色的念头狂怒地在睡觉”，你会知道这是在胡言乱语，但也知道它比“狂怒的睡觉念头绿色的无色的”结构更好。

认知心理学家的任务之一就是要尝试理解人们说话和理解话语的过程。大多数心理学家认为，话语包含几个不同的步骤。首先，大脑组织你想说的话，然后构建语法，最后将词语逐个放入心理地图。

理解话语也遵循类似的不连续步骤。尽管有些心理学家认为这些步骤在数量和复杂性上有差异，但他们用来测试自身理论的实验显示，人们的确会组织话语。这些实验也已经表明，语境在交谈和理解话语中扮演重要的角色。

* * *

正如我们所见，许多前沿研究都涉及信息加工方法，旨在理解加工过程中的表征或符号以及操纵它们的程序。批评家指出，这种方法将永远受限于我们对艺术才能、情绪、创造力、天赋等方面的有限知识。一个相关的批评指出了计算机隐喻的短暂性。随着科技进步，人类大脑的运作被比作大海、时钟、木偶、蒸汽机、电报交换机、计算机，不一而足。将大脑比作计算机的观点是否会在下一次科技进步中，被下一个神奇机器所取代呢？这有可能，但可能性不大，因为人类和机器总会被放在一起类比，人类大脑经常被比作计算机，心灵被比作程序。尽管有许多不同，但是这种对比在认知心理学中已被证明是有用的，并且在感知、注意力、记忆和问题解决领域产生了诸多理论。

第二章　注意力和信息加工

研究注意力是探讨兴趣的必由之路。

——威廉·詹姆斯

这一刻，你在干什么？在读着这行字。但即便是在阅读，你的感官仍在持续接收身边的信息。试着想想现在能看到、听到、闻到和感觉到的一切，你还能专注地阅读吗？一旦注意力被分散了，你就会发现自己很难再继续读书了。这表明了注意力和信息加工在完成日常任务中的重要性。

回想一下交通高峰时段繁忙的十字路口。由于无法处理巨大的车流量，排队的车辆迅速变多。而当每个方向只有一辆车在行驶时，交通就会顺畅。你的大脑也是这样。现在，你选择把注意力放在这一页的内容上。大脑轻易地便能加工这单一的信息来源，然后理解文本。但如果你试着思考感官接收的其他信息，理解就会变得困难起来，因为你没法同时处理这么多的信息。就像是在十字路口一样，大脑的能力有限。

> 所有的心理学书籍都把主动和被动注意区分开来，二者的不同有其深层次的原因。
>
> ——威廉·詹姆斯

驾驶员常把拥堵的十字路口叫作瓶颈路段。而心理学家用这个词来描述大脑加工信息时有限的能力。那我们如何处理这种限制呢？

当你读这一章的时候，你可能会觉得身边的很多事情都无关紧要，甚至让人分心。因此，你忽略了它们，也就是说，你用注意力从拥挤的瓶颈路段中挑选出相关信息，并选择忽略其他的一切。

美国心理学家威廉·詹姆斯把注意力形容为“大脑……在几个可能同时存在……的思路中选择一个”。但我们如何选择关注什么，忽略什么呢？我们有足够的资源来划分注意力吗？注意力是有限的，只够支撑我们选择一件事情吗？

想象一下，你在看自己最喜欢的电视节目。同时，某人正试着告诉你他经历的一天。你选择集中于屏幕，尽管你装作在聆听，也听进去了一些话，但是没法完全

要点

- 大脑可能会集中注意力于某个单一的输入，但仍对其他事情保持警觉：其中一些可能会被忽视，其他的则会分散注意力。
- 根据过滤器理论（filter theory），大脑只加工想要加工的信息，其余的则置之不顾。
- 衰减器理论（attenuation theory）表明所有获取的信息都会进入大脑，但相较于紧要的事，不重要的信息受到的关注较少。但是，这种做事顺序会不断受到审查，以便在必要时，注意力能迅速从当前的重点转移到新事情上。
- 过滤器理论和衰减器理论都认为信息在进入大脑前就已经被加工了。但不是所有的心理学家都同意这一观点，有一些人相信信息都会被处理，然后根据需要被挑选。
- 心理学家对于大脑同时关注多件事的能力尤其感兴趣。问题是如何界定单一任务的性质，实际上，所有事情都可以被看作一系列子任务的合集。
- 认知神经心理学用扫描和成像来观察大脑在集中注意和加工信息时的变化。

集中在谈话上。

集中注意一件事，忽略身边其他的一切，需要选择性注意（selective attention）的参与。它使你能够挑选一件事来占据自己的大脑。但是当某人突然告诉你一些有趣的事，比如，他说要给你钱，这就使你从电视节目中分神了。在这个过程中，注意力发生了什么呢？你可能发现自己有过类似的处境，当时还被人说是选择性失聪。这表明了在特定情况

聊天和看电视，这两种活动能同时进行，虽然可能是因为它们本质上很相似（都包含听和看），但是没有人能完全集中注意力于其中一项。

下，大脑是能够同时关注多个信息源的，但是它可能没有选择这么做。

听觉注意

选择性倾听的研究已经解答了许多有关注意力的问题。我们繁忙的生活充斥着成千上万种声音。如果不是能够选择性地注意，我们就不可能理解和运用任何声音。为了更好地解释这件事，大部分的研究者采用了两耳分听实验（dichotic listening task）。参与者戴上耳机，两只耳朵分别在同一时间听着不同的信息。他们被要求只能注意和回应一边的信息，忽略另一边的。柯林·彻里的影子跟读实验便是两耳分听实验很好的例子。

彻里的实验结果设法解决注意力的一个重要问题。大脑是何时选择注意某个信息的呢？它是选择之前就处理了所有接收到的信息吗？或者是信息先经过了筛选，所有未经加工的都被留在了瓶颈路段吗？

鸡尾酒会现象

想象一下你身处一个聚会。聚会上人们自发形成一个个小群体，都在进行各自的交谈，起初你听到的声音是混杂不清的。当你在聚会上待了一段时间，和朋友们交谈起来后，便不再能听到身边的其他交谈声。尽管和其他人的距离很近，但是你也只听到了朋友们的声音，你的注意力完全集中在他们身上。耳朵听到的其他声音被忽略了，遗留在了注意力的瓶颈路段。这种集中在一场对话，忽略身边其他交谈的情况就叫作“鸡尾酒会现象”（cocktail party phenomenon），1953 年由柯林·彻里第一次定义。

聚会中的人完全集中于自己身处的谈话当中，听不到别的东西，直到某个人提到了他们的名字，吸引了他们的注意力。

柯林·彻里是麻省理工学院的电子学研究人员。他发现人们在谈话中能集中注意力是利用了信息的物理差异，以此来选择感兴趣的那个信息。这些差异包括音高（比如，女人往往比男人声音更高）和说话者的位置。

彻里使用两耳分听实验来研究鸡尾酒会现象。人们戴着耳机，两只耳朵分别听到不同的信息，然后要选择跟读其中一边。也就是说，在听到的时候开口重复。他发现对于不需要跟读的信息，人们一点也听不到。实际上，参与者很少注意到信息是倒放的或是用外语讲的。但是，他们可以察觉到次要信息物理上的变化，比如，讲话被换成了乐音或者说话者的性别发生了改变。

彻里的工作很好地阐述了一个简单的观察（比如，人们能够在众多对话中集中于一个）是如何发展为假设并且通过有针对性的实验研究进行探索。实验室场景以及耳机的使用可能会被认为偏离了起初的社会情景。但是，这项实验的影响深远，能够很好地帮助我们理解注意力，并且促使其他的研究者，比如，唐纳德·布罗德本特（Donald Broadbent），去进一步探索有关感官信息选择和关注的问题。

两耳分听的研究表明信息是在进行大量加工之前就被筛选的。在彻里的实验中，参与者对于未加注意的信息知之甚少。

这表明信息在加工的一开始就被挑选出来了。

基于此证据，英国心理学家唐纳德·布罗德本特在1958年提出了一种早期的注意力选择理论，将它命名为过滤器理论。其基本理念是当感官中的信息到达瓶颈路段时，就必须选择加工哪一个。在这之前，所有信息都完全没被加工过。

布罗德本特提出感官过滤器是基于物理特征挑选出需要进一步加工的信息的，比如音高或者方位。就像咖啡通过纸过滤会留下残渣，被选择的信息通过过滤器，把其他的一切都留在了瓶颈路段，不会再处理。布罗德本特的过滤器理论解释了两耳分听实验的发现。比如，在影子跟读实验中，两侧的信息都到达了感官过滤器，而选择是根据目标信息的位置做出的。

这个理论也解释了彻里的实验，探究了人们为什么能在许多谈话中集中一个。

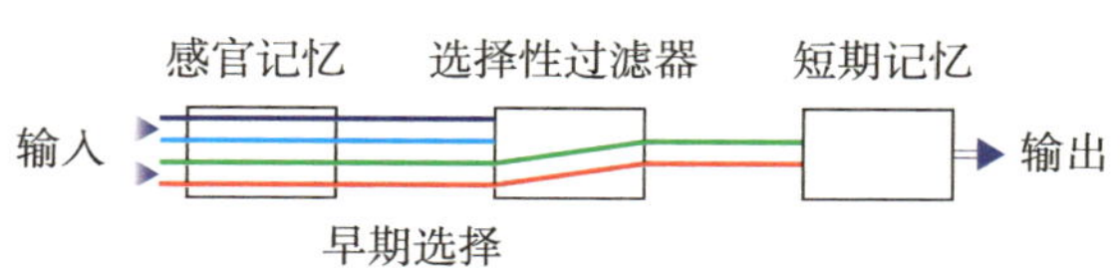

布罗德本特过滤器理论解释选择性注意的图示。

接受姓名调查

但是，现在想象一下你正身处一场聚会，你觉得自己已经把所有的注意力都集中在了眼前的对话上。突然，有个经过的人提起了你的名字。你的注意力立刻就被转移了，就跟之前看电视时提到钱的例子一样。你改变了自己的注意力，不是因为听见信息的方式而是因为信息的内容。布罗德本特提出，没有信息会在到达感官过

人物传记

唐纳德·布罗德本特

1926年，唐纳德·布罗德本特生于英格兰的伯明翰，他被称作认知之父。起初，他并没有想做心理学家。1944年，他加入了英国皇家空军，志在成为一名飞行员。但是，他很快意识到由于设计者对飞行中认知过程的无知，自己使用的装备都被设计得很糟糕。他对飞行能力训练的影响也很感兴趣。因此，他决定在剑桥大学的心理学院深入地研究这些问题，在弗雷德里克·巴特莱特爵士（Sir Frederic Bartlett）手下工作。1949年，布罗德本特毕业后留在了剑桥，为医学研究理事会的应用心理学研究所工作。

布罗德本特的早期思想受到了巴特莱特和肯尼思·克雷克（Kenneth Craik）的很多影响。巴特莱特强烈地肯定了人们对于自己大脑加工能力的作用，而克雷克则开辟了一种新的研究方法，即以工程师研发复杂机器理论的方法来发展大脑和行为的理论。

这样的观点组成了布罗德本特早期工作的背景，包括他在1969年发表的有关选择性注意的过滤器理论。布罗德本特的过滤器理论是第一个系统地串联了多个认知过程的模型，而这类模型被称作信息加工系统。过滤器理论是其他许多认知信息加工模型的基石，包括记忆、语言处理和问题解决，以及后来的注意力模型。布罗德本特的选择性注意理论是针对人类认知最具影响力的模型之一。

1958～1974年，作为应用心理学研究所的负责人，布罗德本特帮助研究所成为世界上最重要的心理学研究机构之一。他一生都在努力发展有益的和对人们有实际用处的心理学理论。他最为人所知的是在注意力领域的贡献。所有后来的理论都与他在这一领域的工作进行了比较。唐纳德·布罗德本特在1993年离世。

滤器之前被加工。但如果真的是这样，我们怎么还能根据内容，把注意力转移到另一个后来的信息上呢？

布罗德本特的观点是基于这样的观察：参与者没有意识到未被注意的信息的意义。但是，意义是否可能在无意识中被加工呢？1975年，心理学家艾尔莎·冯·赖特（Elsavon von Wright）、保罗·安德森（Paul Anderson）和埃瓦尔德·斯坦曼（Evald Stenman）向参与者展示了一列单词，并在展示某些单词时对他们进行了轻微电击。

在影子跟读实验中，当未注意信息中出现了和电击相联系的词时，参与者会出现无意识的生理反应。实验得到的结论很明显：尽管没有意识到自己听到了这些词，但是参与者们大脑的某处仍然在解读它们。

布罗德本特理论的中心是只有过滤器挑选过的少量信息会被加工，其他的所有信息都会被忽略。但是，我们知道自己常常会因为说话内容而转移注意力，比如，当我们听到自己的名字或者听到有人提起钱的时候。冯·赖特和其他人合作开展的研究已经表明，尽管没有意识到未被注意的信息的存在，大脑也必须把它们处理到某种程度。

认知联系

布罗德本特的过滤器原理在认知心理学的发展过程中影响巨大。但是，它受限于自身的不灵活性。例如，我们根据信息的意义可以改变自己的注意力，并且能够在意识之外加工信息。布罗德本特的理论却没能解释这些事实。

衰减器理论

这样的限制促使普林斯顿大学的心理学教授安妮·特里斯曼（Anne Treisman）开发出一种新的选择性注意的衰减器理论。特里斯曼保留了注意力瓶颈路段存在感官过滤器的观点。但是，在她的解释中，她认为过滤器很灵活，能够同时依靠物理特征和意义来集中注意力。她反驳了布罗德本特的部分观点，认为未加注意的信息不

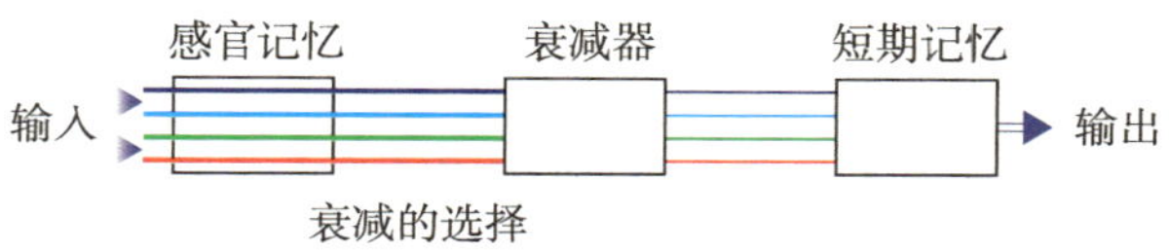

安妮·特里斯曼衰减器理论的图示，应用在输入信息上的加工等级会根据接收器对于其重要性的判断相应地增加或者减少。

是简单地被忽略了。相反，她提出它们是被减弱或弱化了，因此受到了弱化的加工。但是，这种加工被弱化了很多，以至于参与者没有意识到它，除非信息有重要的意义。

特里斯曼的理论不仅能解释冯·赖特和其合作者的发现，也能解释我们基于意义来调整注意力的能力。

布罗德本特和特里斯曼的理论都表明，只要感官信息一进入我们的大脑，注意力的瓶颈路段就会赶在加工发生之前出现。一个替代的假设是我们接收到的所有信息都在挑选之前被完全加工过了。1963 年，心理学家 J. 多伊奇（J. Deutsch）和 D. 多伊奇（D. Deutsch）提出了这个观点，他们认为只有在完全加工之后，我们才会选择关注某个信息。

这个关于选择性注意的“晚期”理论也可以解释冯·赖特的发现和我们转移注意力的能力，所以它能和特里斯曼的理论分庭抗礼。

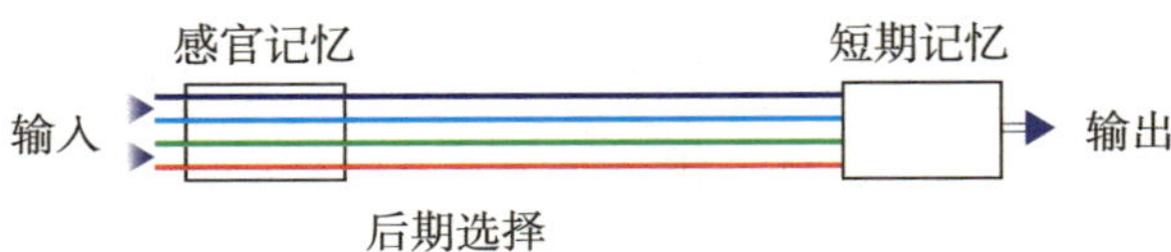

多伊奇选择性注意后期理论的图示。信息输入只有在到达短期记忆之后才会被挑选。

然而，后续的研究已经表明，早期和后期选择之间的差距需要修正。这是因为注意力运作的方式是灵活的，选择的方法要取决于特定的环境。比如，后期选择更可能发生在输入信息都是熟悉的内容，速度相对较慢或者很少涉及加工性质或方向的决定。早期选择则可能缺乏这些要素。

找东西

到这里，我们关于集中注意力的讨论已经探索了大脑的使用方式，在面对大量感官持续接收的信息时，该如何运用大脑有限的加工资源。但如果你想寻找某种特定的东西，你扫视了周围一圈，却不确定其位置。例如，你要找的可能是你在繁忙的机场要接的亲戚，或者在一个拥挤的派对中约着见面的朋友。你如何筛选眼睛接收到的所有信息来找到自己的亲戚或朋友呢？需要克服什么问题呢？

心理学家使用视觉搜索实验已经解决了这些问题。在你继续阅读之前，尝试一下这一页上的两个视觉搜索实验。毫无疑问，你得出的结论是相较于 T，找到字母 O 要更容易。为什么呢？这是因为 T 和 L 有着共同试着找到字母 T。找到之后，看下面的另一张图表。

试着找出字母 O。你应该会发现这个任务比上面的容易，因为相比于 T，O 的形状和周围的字母 L 对比更加强烈。

的特征，一横一竖，唯一的不同就是两条线相交的位置。而字母 O，跟 L 完全没有相同之处，因此很轻易就能找到。

特征整合理论

在这样的问题中，目标字母从周围的字母里脱颖而出。1986 年，安妮 · 特里斯曼开发了能够解释这些和其他关于视觉搜索实验成果的主要理论——特征整合理论（feature integration theory）。

根据特里斯曼的理论，面对视觉场景时，你绘制了一组地图来描述它。比如，看着字母表格时，你就绘出了一张显示着所有横线的地图，另一张上则有所有的竖线。在字母 T 处于一群 L 中间这种场景，你必须在大脑中查遍这些地图，组合每个位置上的横线和竖线，直到你发现不一样的那个。

但当字母 O 在一群 L 中间时，由于没有相同的特征，没必要经过这种辛苦而耗费注意力的特征整合阶段，所以搜索就快了很多。T 和 O 是目标要素，因为他们正是观察者要在一片背景要素中找出的。

为了支撑自己的理论，特里斯曼描述了一个名为错觉性结合（illusory conjunction）的现象。如果你朝外面的街道看过去，特征整合理论认为你创造了许多心理地图，其中一个描绘了所有的水平线，另一个描述了所有红色物体的位置。之后，你需要整合这些地图，这样你才能看到一辆红色的车，而不是分离的特征。这需要注意力，而在繁忙的场景中，人只有有限的注意力资源来整合其中的一部分特征。在这部分整合之外的特征则会随机组合，而有时这些特征会被错误地整合。比如，在你的余光中，一辆红色的车路过了白色的商店，你可能会把它误认为一辆白车。特里斯曼的理论启发了很多的研究，比如，质地或形状感知的实验，这些实验在今天仍在进行。

相似性理论

相较于特里斯曼的理论，与之对立的相似性理论（similarity theory）要简单得多。它由约翰·邓肯（John Duncan）和格林·汉弗莱斯（Glyn Humphreys）在1992 年提出。汉弗莱斯和 P. T. 昆兰（P.T. Quinlan）在 1987 年实验中得到的结果不能用特里斯曼的理论来解释。他们提出确认特征所用的时间可能取决于所需信息的数量。相似性理论认为视觉搜索的难易程度取决于目标和其他竞争注意力图片即干扰项的相似程度。所以在两个视觉搜索练习中，T 比 O 要难找，因为它的形状与干扰项更加相像。随着目标字母和干扰项之间相似性的提升，找出目标的难度也会增加。

相似性理论也认为视觉搜索随着干扰项之间的相似而变得更加困难，正如下面的图表任务一样。

相比于在大写字母中找到 B，在小写字母中找到 b 要更加容易，因为大写字母之间拥有更多相同特征。搜索表现取决于与干扰项的相似性，所以，根据这个理论，视觉搜索只与相似性相关，不存在特征整合过程。对于这种解释的主要批评是相似性是个很笼统的概念，缺乏统一的标准。

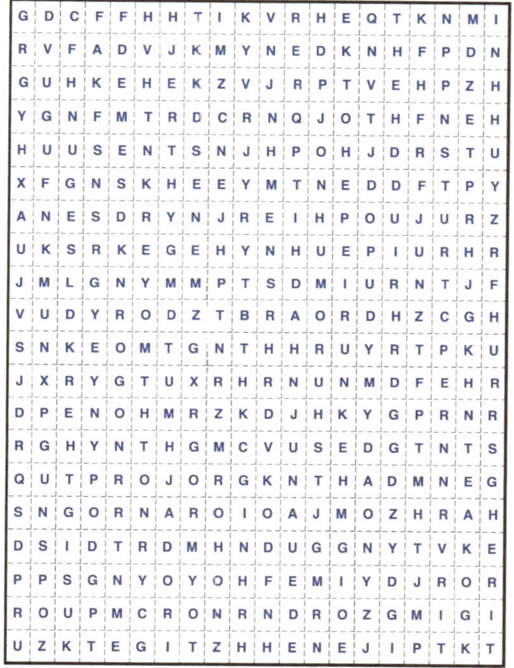

试着在这些大写的字母中找到 B，然后看下面这张图表。

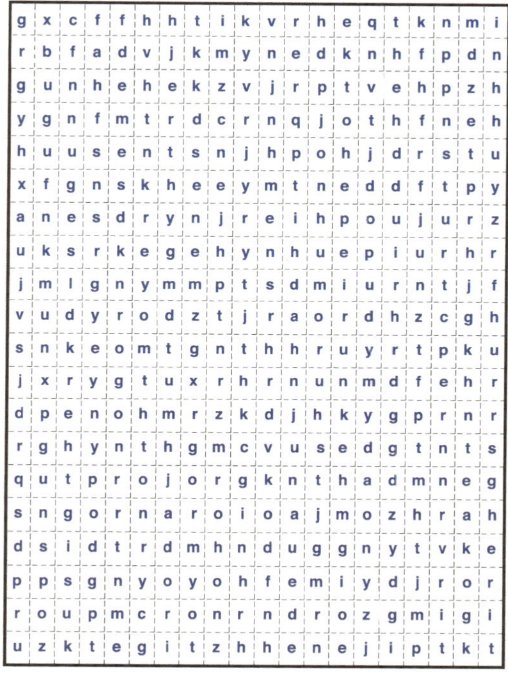

试着在这些小写字母中找到 b。这个任务比上面的简单，因为相较于大写字母，小写字母的形状更加不同。

大多数司机认为他们可以做到一边开车一边跟人讲话，思考听到的话和要说的话并不妨碍他们注意前方路况。而经验不足的司机只能把注意力集中在开车上，没法做到边开车边交谈。

实验

变化盲视

观察者似乎无法探测诸如图片等场景中的变化，这种现象被称为变化盲视（change blindness），正是它让“找不同”游戏变得棘手。1997年，认知科学家罗纳德·伦辛克（Ronald Rensink）、凯文·奥里根（Kevin O’Regan）和詹姆斯·克拉克（James Clark）向参与者展示了两幅图片，两幅图中除了戴帽子与否其他都相同。参与者尽管知道他们的任务就是找不同，却还是很难发现这个细节，有的人甚至要来回看二十遍才能找到。

同样是1997年，俄亥俄州肯特州立大学的丹尼尔·莱文（Daniel Levin）和哈佛大学的丹尼尔·西蒙斯（Daniel Simons）使用运动图像研究了变化盲视。他们向参与者展示了一段影片，其中有两位女性在交谈。摄影机紧随交谈的二人，每次焦点改变时，场景细节就会被替换。比如，某个时间点摄影机对着女性A，场景中餐桌上有红色盘子。几秒之后，镜头对准女性B时，盘子突然变成了白色。当镜头切回女性A时，盘中食物的位置又变了。大多数参与者没能注意到任何变化。甚至当他们被要求再看一次这段影片并找出发生的变化时，他们平均也只能在九个变化中发现两个。

变化盲视蕴含着注意力的哪些信息呢？我们常常相信自己完整地看到了这个世界，而变化盲视表明认知其实是有缺口的。如果不是有目的性地把注意力集中在物体上，我们就没法看见它们，也不会注意到它们位置上的任何变化。

有时我们想一心二用，比如，边开车边说话。但是，几乎没人能够边解数学难题，边背诵诗歌。

当我们试着一心二用的时候，其实是把大脑有限的加工资源分配给了两个任务。一心二用的难度会视任务不同而改变，主要取决于两件事：两项任务的相似程度以及我们对它们是否擅长。只要这两项任务没有突破大脑通用资源和特定资源的限制，那么尽管大脑能力有限，一心二用也是可行的。

分配性和集中性注意力

在考虑任务的相似程度对于分配性注意力的重要性之前，我们先仔细看看大脑的加工资源及其分配方法。

焦点

分配注意力

下面有一首儿歌。你的任务是尽可能多地迅速默数出其中包含的元音。

Twinkle, twinkle little star,
How I wonder what you are.
Up above the world so high,
Like a diamond in the sky.
Twinkle, twinkle little star,
How I wonder what you are.

正确答案是 48 个元音。你答对了吗？你觉得容易吗？

第二首儿歌，也是需要数元音，但这次伴着音乐声数。确保你选的是纯音乐，没有歌词。

Jack and Jill went up the hill to fetch a pail of water.
Jack fell down and broke his crown,
And Jill came tumbling after.
Up Jack got and home did trot as fast as he could caper.
He went to bed to mend his head
With vinegar and brown paper.

这次的任务呢？有变难吗？你是一直注意到乐声吗？（正确答案是 64。）

下面是最后一首儿歌，再数一下其中的元音。但这次更有趣，你需要边数边听着广播或电视中的谈话。

Oh, the grand old Duke of York.
He had ten thousand men.
He marched them up to the top of the hill,
And he marched them down again.
And when they were up, they were up.
And when they were down, they were down.
And when they were only half way up,
They were neither up nor down.

这次的任务怎么样？你能边数元音边理解对话吗？你能把注意力分给这两项任务吗？（元音的数量为 73。）

默数应该是最容易的。边数元音边听音乐，虽然难一些，多花点时间也可以做到。你可能会发现边数边听对话是最难的。由于两项任务相似，都涉及语言处理，大脑很难同时加工文本和谈话中的信息。(儿歌中元音数量的增加被证明对实验结果没有影响。)

是所有任务都要争夺那一份有限的注意力还是不同类型的任务会使用不同的脑力资源呢？如果所有任务都需要同样的通用资源，任务性质便不再重要。如果所有任务都会公平地竞争可用资源，那么我们也能够在注意力允许的限度内一心多用。但是，如果加工资源具有特定性，相较于组合占用相似脑力资源的任务（比如，读书和交谈），组合不同脑力资源的任务会更加容易（比如，驾驶和交谈）。

许多研究已经表明，如果任务相似，分配注意力会更加困难。思考下面方框中描述的实验。没有一项任务是完全单一直接的，但你肯定会发现边数元音边倾听更难做到，因为它们都涉及语言加工。1972 年，在《实验心理学季刊》（*Quarterly Journal of Experimental Psychology*）上发表的一项实验中，D. A. 奥尔伯特（D. A. Allport）、B. 安东尼斯（B. Antonis）和 P. 雷诺兹（P. Reynolds）让参与者复述一段文本，同时要求他们记住一组图片或耳机中听到的一串单词。参与者回忆单词的表现很差，但他们却能做到复述文本的同时记住图片。相似的任务会竞争注意力，更可能会干扰彼此的执行。

两个相似的任务很难一起执行的事实支撑了大脑加工资源具有任务特异性这个观点。这就是我们为什么能够边开车边讲话或者边写作边听音乐。但想想当我们正驶进一个繁忙的十字路口时会发生什么？我们还能边加工通过路口的所需信息边进行重要谈话吗？即便任务不同，我们也无法同时处理困难的任务，这表明部分加工资源会通用于所有任务。此观点进一步解释了开车时使用手机的危险性，任务通用的注意力资源也会因为使用手机而被从驾驶任务上分走。

如果你演奏乐器、跳舞、运动或者有任何其他的技能，就会被再三告知，熟能生巧！我们都知道练习会使人进步，但这跟分配注意力有什么关系呢？

我们已经讨论了边开车边交谈有多么简单，但那只是针对经验丰富的司机，初学者通常觉得这几乎不可能做到。由此可知，在两个擅长的任务上分配注意力要更容易。为了弄清原因，我们得仔细研究开车和交谈这样的任务中都包含了什么。

我们一直把开车这样的任务当成一个整体，事实果真如此简单吗？思考一下开车的任务中包含了什么。你得注意前后方的交通情况，注意车速、道路走向、转向装置，以及所有潜在的危险，比如，人行道上的孩子。

这真的可以被称作单一任务吗？也许开车本身就可以作为分配注意力的例子。同样，交谈时你需要控制嘴唇的运动，加

心理学与社会

手机和驾驶，致命搭档

现在美国有超过 1 亿部手机正被使用。人们在任何地方，如家里、学校里、街道上、公交车、火车上甚至在开车时，都会拿起手机。但边开车边用手机真的安全吗？你可能会这么想：我们都能边开车边说话，那为什么不能边开车边打电话呢？一项最近的研究显示 85% 的手机用户承认自己曾在开车时使用手机。如果开车是项自动任务，就不会有问题。我们的有意注意可以集中在对话上，开车由自动加工负责。但是，研究显示现实并没有这么完美。

1998 年，J. M. 维奥兰蒂（J. M. Violanti）在研究中发现开车时使用手机者遭遇死亡事故的风险比不使用手机者高 9 倍。事实上，仅仅把手机打开放在车上都会让风险翻倍。为什么开车时使用手机如此危险？维奥兰蒂检查了俄克拉何马州 1992 年到 1995 年间所有交通事故的报告。事故发生前，相较于未使用手机者，使用手机者更可能不注意路况、超速、开错车道、撞上静物、翻车和急转弯。1999 年的另一项研究表明相比于正常驾驶，拨打电话时司机更难做到控制车速和在既定车道行驶。

这些令人不安的证据已经导致一些国家（比如，巴西、以色列、意大利和澳大利亚的一些州）把开车时使用手机列为违法行为。美国的一些州也已采取相应立法行动。根据华盛顿推行的法规，手机只有在配备州批准的免提设备上才能使用。

1999 年，芬兰赫尔辛基大学的大卫・兰布尔（David Lamble）研究了司机发现汽车时，提前减速的能力。他比较了专心看路和拨打随机号码（分配视觉注意力）以及进行简单、无须视觉注意的记忆任务的司机们。可以预见的是，分配视觉注意的小组最难反应过来。但是，进行两项任务的司机也比专心看路的司机的反应要慢。免提设备并不能完全规避开车时使用手机导致的风险。

工耳朵接收到的信息，思考说什么来回应。实际上，任何任务都可以被看作更小的子任务的集合。

> 我们只能感知注意到的事物；也只会注意感知到的事物。
>
> ——威廉・格林（William Greene）和盖尔・希克斯（Gail Hicks）

一个小女孩在上小提琴课。学习伊始，她会刻意地弹奏每个音符。随着自信心的增加，技巧逐渐熟练，她的很多动作变得自然，演奏时也不再注意它们。

学习开车确实像在分配注意力。当你学习开车时，所有的子任务似乎真的分开了。你需要独立思考道路的弯曲程度，据此决定怎样转动方向盘，思考如何使用后视镜，注意车速等。当新手司机把注意力全放在困难路段时，比如，在十字路口，他们可能会忘了如何控制油门，最终导致车辆熄火。所有这些子任务共同耗尽了他们的注意力资源。一旦掌握了驾驶技能，任务就会变成单个的、系统的。经验丰富的司机能够同时处理所有子任务，又不让它们彼此干扰。这就是为什么很多老驾驶员把开车说得像是自己的第二天性一样。

每次你看到一个新任务，会立刻有意无意地在其子任务间分配自己的注意力，这会消耗你大量的加工资源。比如，在学小提琴时，想要弹出 C 调，那么你需要：

- 从乐谱中找到正确的音符；
- 使用正确的弦；
- 把手指正确地放在琴颈上；
- 拉动弓弦。

小提琴初学者在演奏时要考虑每一步。在大量练习之后，高阶演奏者一在乐谱上看到 C 调，立刻就能拉出对应的声音，无须考虑其中包含的子任务。演奏只占用小部分注意力，给其他任务留足了空间。钢琴家李伯拉斯（Liberace）就经常在演出时边弹钢琴边和观众聊天。

所以，当我们对一项任务进行了大量的练习，已经成为这项任务的专家之后，再做这项任务时就不再需要全神贯注了，它不再是一个有意识控制的行动，而是转变为自动控制了。过去，你在走路或骑车时需要考虑每个子任务，但现在这些行为会自动发生，你不假思索便能执行。事实上，即便你想，也很难停下自动控制的行动。这便是“斯特鲁普效应”（Stroop effect）的关键，它被运用于对自动性的研究中。

案例研究

练习、练习，还是练习

1976 年，3 位美国学者伊丽莎白·斯佩尔克（Elizabeth Spelke）、威廉·赫斯特（William Hirst）和乌尔里克·奈瑟尔（Ulric Neisser）进行了一项有趣而影响深远的研究，研究证明了练习对于多任务能力的重要性。研究对象为两个学生，黛安（Dianne）和约翰（John）。他们需要同时执行两项任务，理解一部短篇故事以及写下实验员口述的单词。起初，他们发现很难同时执行两项任务，自己的阅读速度要比平常慢很多。这是因为两项任务具有相似性，都包含了语言处理，所以需要相同的任务特定注意力资源。

黛安和约翰每周会花费两个小时来练习同时执行两项任务。六周之后，他们发现自己能更容易地完成任务，边阅读边听写变得像在阅读时哼歌那样简单，其效率也与单独阅读不相上下。我们很多人曾在图书馆让别人不要哼歌，却被回了一句“我不知道自己这样”。阅读时哼歌可能属于读者的无意识行为。斯佩尔克、赫斯特和奈瑟尔发现黛安和约翰在听写的几千个单词中大约只能记住 35 个。练习之后，他们变成了听写专家，无须有意注意也可完成任务。

如果有人能很好地同时执行两项复杂任务，比如阅读和写作，通常是因为他已经反复练习过所需的技能了。1972 年，心理学家弗劳德·奥尔波特（Floyd Allport）发现多年的练习之后，专业的钢琴演奏者能够在弹乐谱的同时听取信息。初学者通常无法在演奏时听清老师的指导。经过多年的练习之后，演奏乐谱变成了自动行为，钢琴家不再有意地读谱弹奏，音符也会从指尖流出。同样，在六周的练习之后，黛安和约翰无须想着写下单词，就会自动地把听到的东西写在纸上。这使得他们能够把注意力集中在阅读理解上，双任务变得和听写本身一样简单。

表 2-1　自主过程与自动过程的对比

自主过程	自动过程
需要集中注意力，受限于有限的加工资源	不需要集中注意力，不受限于加工资源
连续发生（每次一个步骤），比如，转动钥匙、松开刹车、看后视镜等	子任务并行发生（同时发生或没有特定顺序）
轻易便可调整	一旦形成，很难调整，比如，从左侧行驶改为右侧行驶

（续表）

自主过程	自动过程
能清醒地意识到任务的执行	不一定能意识到任务的执行
相对较为耗时	相对较快
更适用于困难或复杂任务	更适用于简单任务

案例研究

斯特鲁普效应

快速朗读下列词语：

红色、蓝色、棕色、绿色、黄色。

快速大声说出下列词语的颜色：

绿色、蓝色、黄色、红色、棕色。

快速大声说出下列词语的颜色：

蓝色、绿色、红色、棕色、黄色。

前两个任务非常简单。词语的颜色和字面相同，很容易就能读出词语和颜色。第三个任务更困难，因为词语颜色和字面不对应，后者会干扰你说出颜色。这就是斯特鲁普效应。

这个由美国心理学家约翰·里德利·斯特鲁普（John Ridley Stroop）在1935年首创的测试被频繁运用于无意识注意与自动注意的实验中。斯特鲁普效应指出相较于辨认颜色，人们更倾向于读出文字。

这是由于大量的练习，我们会自动识别看到的文字。熟练到如此程度之后，不管有多少矛盾信息，都很难忽略特定任务。人们发觉自己很难不处理看到的文字，因为反应是自动发生的，不受注意力控制。大脑一接收到书页上的相关信息，就会进行处理。相比之下，其他所有事情都显得复杂，需要有意识地加工。

人类自动驾驶

你有过这样的经历吗？周末走出家门，发现自己跟工作日一样，自动向学校或工作的地方走去。这种自动行为被称作自动驾驶。就像飞行员在开启自动驾驶模式后不再需要手动操纵飞机，我们也不再有意识地控制行动。这种能力很有用，能够避免类似任务竞争有限的注意力资源。表2-1强调了消耗注意力的受控制任务和自动发生任务之间的区别。

自动化是怎么发生的呢？1983年，约翰·安德森（John Anderson）提出，练习过程中，我们对于任务中的各个子任务越来越擅长。比如，学习开车时，你对于控制刹车、使用后视镜等愈发熟练。最终这些子任务合并为任务中更大的部件，你能够同时控制刹车和使用后视镜，不再需要分别考虑。接着这些更大的组件继续合并，直到整个任务变为一个单独的整体程序，而非独立子任务的集合。

安德森认为当任务融为一个整体时，自动化就完成了。它是突然发生的，就像汽车换挡一样。

示例理论

1988 年，田纳西州纳什维尔市范德堡大学的心理学教授戈登·洛根（Gordon Logan）质疑了安德森自动化突然发生的观点。他的示例理论（instance theory）宣称自动化是随着练习而逐步推进的。

当我们学习一项任务时，比如乘法，起初是应用常规反应，比如，在计算 4×5 时数 4 组 5，在计算 6×5 时数 6 组 5 等。在实践中，我们逐渐累积了对于特定刺激的专一反应，不用数就知道 4×5=20 和 6×5 = 30。我们逐渐学会对每个特定数字组合做出专一的自动反应。研究表明，洛根的示例理论能更好地解释对于特定刺激的反应，比如，数学运算，而安德森的理论对自动化做了更好的一般性阐释。

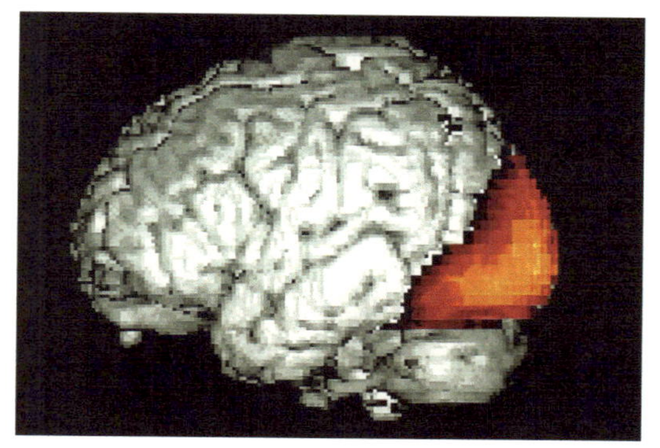

这是一张正电子发射断层扫描图，记录了看到文字或图片时的人脑活动。图片展示了左半脑，脑前额叶在图片左侧。外部刺激激活了枕叶皮层的视觉区域（颜色为红橙）。

脑电图的运用

一直到不久前，心理学家还主要依靠实验来发展注意力理论。技术进步意味着现在我们可以观察和记录注意力的运作。通过使用脑电图记录任务中的脑电活动，许多研究已经深入探索了注意力。包括正电子发射断层扫描在内的诸多技术也使得研究者能够在参与者执行任务时，观察他们大脑中的血液流动。

> 我对于用实证检验注意力的集中、注意力的分配和双任务情境研究中的理论非常感兴趣。
>
> ——戈登·洛根

认知神经科学

大脑记录和成像让我们能够以行为实验之外的方式探索注意力，帮助我们处理不同的问题。这类研究被称为“认知神经科学”（cognitive neuroscience）。比如，大脑中是不是有单独的中心控制所有的注意力资源呢？又或者是不是有不同的、任务相关的资源分配中心呢？是否存在影响注意能力的身体或心理障碍呢？如果存在，我们能从中了解到注意力的什么呢？这些探索生理障碍对认知影响的实验就属于“认知神经科学”的范畴。我们能从认知神经科学和认知神经心理学中了解到注意力的哪些方面呢？

我们集中注意力的方式是通过增强对目标的感知，把它置于周围的一切之上吗？还是压制对于目标以外事物的感知呢？又或者选择性注意力是既强化目标处理又压制感知竞争者的结果？

1994 年，斯坦尼斯拉斯·迪昂（Stanislas Dehaene）和俄勒冈大学的心理学博士迈克尔·波斯纳（Michael Posner）是这么回答的：“这要看情况！依据任务性质和涉及的大脑区域，这三种情况都有可能发生。”接下来的任务就是要确定注意过程发生的大脑区域。

认知神经科学使这些研究成为可能。1993 年，在一项使用正电子发射断层扫描的研究中，密苏里州圣路易斯华盛顿大学的莫里齐奥·科比塔（Maurizio Corbetta）和他的同事发现，在执行视觉搜索任务时，大脑中感知物理特征的相关区域被激活了。比如，当任务中包含动作时，有关动作感知的大脑区域被激活了。当任务涉及颜色时，有关颜色感知的大脑区域被激活了。

此外，科比塔和同事发现，大脑的不同区域与选择性注意力、分配性注意力和搜索有关。这些发现支撑了迪昂和波斯纳的观点，注意力机制会根据任务特定要求而改变。

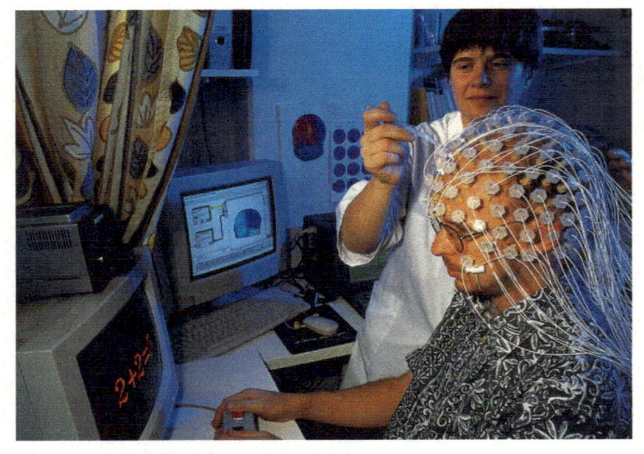

研究者正用脑电图检测一个参与者在解数学题时的心理活动。这样的测试在注意力的生理学基础和信息加工方面为研究者们提供了启发和新见解。

事件相关电位

研究注意力的另一种方法是使用脑电图，心理学家用它来记录随时间改变的脑电活动。有时人们一看见或听见某物后会立刻进行记录。

这些记录叫作事件相关电位（event-related potential），因为它们是对于某些特定事件的脑电反应。

从1988年至1992年，芬兰赫尔辛基大学的认知神经科学家里斯托·内泰宁（Risto Näätänen）运用事件相关电位进行了许多探索注意力的研究。研究表明，人确实会对刺激做出反应，例如，在影子跟读实验中，被忽略信息中的微小改变就属于这样的刺激。但是，这样的反应经常是无意识的，且受控的影子跟读实验不受此影响。这些发现佐证了一个观点，即一些自动的粗略加工不需要注意力资源参与。

案例研究

P300信号的潜力，相关电位对注意力的监测

大脑中不断进行着大量的脑电活动，这种活动可以通过脑电图仪监测到。然而，研究人员使用特殊的技术，可以消除脑中的背景活动，以检查大脑看到图像或听到声音时产生的微小电反应。这种反应被称为事件相关电位，因为它们是为响应特定事件而产生的信号。一些事件相关电位非常一致，甚至可以作为心理活动的指标。尤其是当某样东西吸引你的关注时，只需300毫秒，你的大脑就会产生一个正电信号。该信号被称为P300信号。

P300信号注意力标记的一个用途十分有趣——它能帮助完全瘫痪的人与他人交流。瘫痪患者面前有一个计算机屏幕，屏幕上显示字母表。然后，瘫痪患者将注意力集中在其中某一个字母上。计算机每次突出显示一个字母，同时检查病人的脑电图信号，监测是否产生了P300信号。如果产生了P300信号，计算机可以判定患者关注的正是某个字母，于是将该字母记录下来，并移动到字母表中的下一个字母上。例如，患者可能想要通过单词“疼痛”表达自己的感受。这位患者会盯着字母p看。当她注意到计算机突出显示第四行的第三个字母P时，就会产生P300信号。每当字母p被突出显示时，这种情况就会发生，直到计算机最终确定p是单词的第一个字母。然后要求病人关注第二个字母，依此类推。

计算机依次突出显示每个字母，同时仔细监测患者的脑电图记录，扫描 P300 信号注意力标记。尽管过程既缓慢又艰难（传达一句话可能需要 15 分钟），但这种方法为没有沟通功能的人提供了沟通的可能。随着这种方法及其所依赖技术的深入发展，人们希望开发出一种更有效、更轻便的设备，使完全瘫痪的人能够自如交流。

A	G	M	S	Y
B	H	N	T	Z
C	I	O	U	
D	J	P	V	
E	K	Q	W	
F	L	R	X	

计算机依次突出显示每个字母，同时仔细监测被试的脑电图记录，寻找 P300 信号注意力标记。

注：毫秒即千分之一秒。

从“正常”参与者的成像和记录中，我们可以学到很多有关注意力的知识。不仅如此，我们还可以对那些缺乏正常注意过程的人开展研究。如我们所知，注意力是所有认知任务表现的关键，我们需要注意力来感知感官信息，以便集中于特定的想法，并且避免分心。因此，注意力难免会受到很多大脑缺陷的影响。那么，这些缺陷是如何影响注意力的？人们从损坏注意过程的脑损伤中又能学到什么呢？

假设有一位名叫比尔的患者（见上面的方框）。比尔的病例研究具有典型性，患者在中风后患上了偏侧空间失调症。中风或其他脑损伤可能会对大脑一侧造成伤害（比尔是大脑右侧受损），患者无法回应或意识到视野中对侧的物体。比尔具有偏侧空间失调症的所有主要特征。

不只是人类会患上偏侧空间失调症。这只患有脑损伤的狗只吃碗左侧的食物。

比尔总是忽略左侧的空间，因此也无法使用左侧的身体。比尔确信自己已经举起左手鼓掌了，他没法举手并不是因为身体瘫痪。偏侧空间失调症的患者只是没法注意到自己身体的左侧，忘记了它的存在。这并不是由于运动功能障碍，同样，他们无法注意到左侧的视觉刺激也不是因为感觉障碍。总之，偏侧空间失调症并非视觉或者运动缺陷，而是感受和反应缺陷。它不是感知上的障碍，而是注意力的障碍。患者选择性地忽视了左侧的世界。

令人惊讶的是，偏侧空间失调症的患者似乎完全意识不到自己忽视了一侧的世界。他们不会想到“我看不见左边的东西”，因为患者的左侧根本不存在，也无从考虑。

案例研究

偏侧空间失调症——片面的世界

一个男人坐在病房的床上，我们姑且称他比尔（Bill），他大脑的右侧顶叶中过风。医生走进病房，从左边靠近他，但比尔并没有看见，对她的存在也没有反应。当她移动到右边时，比尔跟她打招呼，好像她才刚来。医生让比尔拍手时，他只举起了右手，姿势好像在鼓掌。“你的左手呢？”医生问道，“你能试着动一下左手吗？”而比尔表示他已经动了，尽管事实上他的左手仍然一动不动地放在膝盖上。随后，医生手举两个物体，一个放在比尔左边，一个放在比尔右边，问他自己举着什么。比尔只提到了右侧的钥匙，对于左侧的钢笔则毫无意识。

医生给比尔看了一张房间的图画，比尔可以描述这是什么。接着，医生问他有没有发现什么不寻常的地方。比尔回答“没有”，然而画中的房子其实着火了，火焰和烟雾在画面的左侧。之后，医生让比尔画一个时钟，他只画出了一半。然后，医生给了他一张画着水平线的纸，让他在每条线的正中间画一条垂线。比尔却在每条线的右侧落笔。医生还注意到他漏掉了纸张左侧的线条，一条垂线也没画。她问比尔是否全部完成了，然后得到了肯定的答复，这表明他没注意纸张的左侧。

诊断偏侧空间失调症（neglect syndrome）的神经检查会用到画满水平线的纸。患者要用垂线把水平线一分为二。左侧失调的患者会在线条的右侧中心落笔，因为他们观察不到向左侧延展的线条。患者还常常对于纸左侧的水平线无动于衷。

午饭时，比尔抱怨自己的食物分量太小。护士注意到他只吃了盘子右边的食物，忽略了左边的。比尔的中风导致了他左侧的空间失调症，无法注意到视野左侧的事物。他并非失明，也不觉得自己的行为有什么古怪。对于他来说，视野左侧的事物不再存在。

病感失认

病感失认（anosognosia）的症状为拒绝承认自身缺陷，且对疾病没有感知。正因偏侧空间失调症属于注意力障碍，故病感失认是该症状的一大重要特征。一个人如果根本没意识到某样东西，也就谈不上“错过”这样东西了。

波斯纳和同事借助偏侧空间失调症患者来研究注意力。他们发现患者经过指导，在注意力任务中可以注意到被忽略的一侧。研究中他们提出了注意力的三阶段模型。要注意到某个刺激，我们必须：

- 脱离当前注意的事物；
- 把注意力转向新位置；
- 将注意力投入新任务。

偏侧空间失调症患者的问题出在三阶段中的第一阶段，他们无法把注意力脱离视野右侧，当然也就无法把注意力集中于视野左侧。

注意力缺陷障碍

偏侧空间失调症患者无法将注意力由右侧转向左侧的刺激。然而，注意力缺陷障碍（Attention Deficit Disorder, ADD）涉及的是波斯纳模型的第三阶段：患者很难将注意力投入任何任务中。

大约 4%~6% 的美国儿童患有某种形式的注意力缺陷障碍。这是由于信息加工过程中注意力控制得不成熟或功能障碍。很多情况下，这种不成熟会随着时间改善，但是也有约一半的患者在成年后仍遭受困扰。ADD 的典型症状是患者很难把注意力集中到任何任务或刺激上。

这些症状导致患者很容易分心，行事冲动、过分活跃，患者很难将生活、思考、情感与行为联系起来，看不见“大局”，进而导致行为碎片化。患有 ADD 的孩子很难集中于学业，而患者行为模式可能导致社会问题和家庭困境。有观点认为，ADD 的病因是大脑中控制和管理注意力的区域仍不成熟或不完全“在线”。正电子发射断层扫描的研究已证实 ADD 患者的右脑活动减少，特别是在与集中注意相关的前扣带皮层。与意识相关的大脑额叶活动同样减少了，负责思维和知觉整合的听觉皮层也有类似情况。

这些模式导致了 ADD 的注意力和行为特征。有许多想法、感觉和信息都在争夺注意力，而处理它们的机制却存在缺陷。

许多医生为儿童开具了药物，用以控制这种疾病症状。这些药物通过增加大脑皮层中某些神经递质的数量来发挥效用，尤其是多巴胺（与注意力控制有关）的数量。这些神经递质活动的增加刺激了ADD患者大脑皮层的活动，包括活动不足的区域。

这使大脑能够集中注意力，将感官信息、想法和动作整合，从而增加了专注力，使患者更加容易集中思想，减少分神。

关注疼痛

虽然我们更加关注的是注意力与我们如何看待和聆听世界的关系，但它对其他感官也起着重要作用——特别是我们对疼痛的感知能力。我们都会不时体验到身体疼痛，正电子发射断层显像的研究表明，当我们感到疼痛时，大脑中与注意力集中有关的前扣带皮层会高度活跃。我们倾向于将太多的注意力集中在受疼痛影响的身体部位，了解这一倾向有助于控制疼痛。

研究表明，通过转移注意力，即把更多的注意力转移到其他方面，可以有效减少我们对疼痛的意识。有些人开发出这样一种能力，可以有效控制他们的意识意志，并成功克服巨大的痛苦（见下图）。

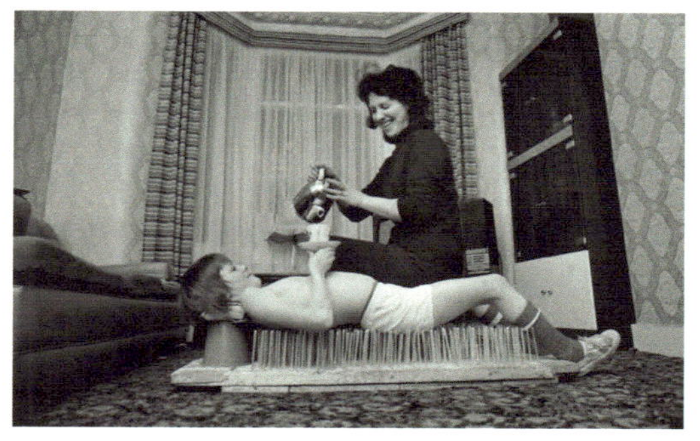

疼痛在某种程度上可以通过意识意志行为管理和控制。这个孩子为我们展示了如何控制躺在钉床上的痛苦。

* * *

从对注意力的讨论中，我们可以得出什么结论呢？有一点是清楚的，那就是注意力在我们的生活中扮演着至关重要的角色，当它出现功能失调时，会导致许多问题。认知神经科学和神经心理学已经发现了大脑中与注意力相关的主要区域——额叶和前扣带皮层——研究表明，通过心理训练或服用相关药物可改善注意力问题。一言以蔽之，注意力是意识存在的核心。它指导和协调我们的感知、思想和感觉，并使我们能够完成生活中需要完成的事情。

第三章 联想学习

联想是获取知识的最重要的辅助手段之一。

我们学到的很多东西都是条件反射（conditioning）的结果。有两种主要的条件反射类型：经典条件反射（classical conditioning）和操作性条件反射（operant conditioning）。条件反射最早是在对狗的实验中观察到的，但现在已知在人类中同样存在，并且在其他动物身上也曾观察到条件反射。

学习并不是孤立地存在于大脑中——人类大脑中几乎每条信息都与其他东西相关联。当我们学习与了解一个新的概念、事实或技能时，我们会习惯性地将其与我们已知的东西联系起来。偶尔，我们可能会刻意通过这种关联增强记忆，但无论有无意识，这种行为一直都存在。心理学家对导致这种情况的各种刺激及其引起的反应进行了详细的研究。

假设你参加了一项智力竞赛节目，主持人提问："贝多芬一共谱写了多少部交响曲呢？"你回答："九部。"回答正确，拿到一分。但是，还没来得及庆祝，你可能就转而开始思考测验题与你刚刚回答的数字之间的其他联系，比如："太阳系中有多少颗行星呢？"或者"希腊神话中有多少位缪斯呢？"主持人宣布卡片背面的答案时，你可能也在思考，"交响曲的数量与作曲家姓氏的字母数量相同。"

有些知识可以通过一连串的联想获得，条件反射就包含联想。

安妮·鲁滨孙（Anne Robinson）是《智者为王》（*The Weakest Link*）节目的主持人。大脑的一种工作方式，是将某一事实与另一个事实关联。当该智力竞赛节目的参赛者听到一个答案时，可能会联想起其他问题，正确答案也许就潜藏在这些问题中。然而，这种联想过程通常是高度结构化，且以目标为导向的，并非从一种联想随机跳跃到另一种联想。

然而，思想并不只是从一个联想推导出另一个联想，知识的结构也不可能只是联想的简单集合。学习——获取和保留知识——是一个复杂的过程。早期的许多心理学家试图破解联想学习，希望通过在实验室里研究动物发现一般的规律。虽然他们没有发现贯穿整个学习过程的单一原则，但是他们的实验和研究发现构成了一些现代学习理论的基础。

心理学家从动物实验中发现了两种主要的条件反射——经典条件反射和操作性条件反射。研究人员在经典条件反射理论的基础上发展了工具性条件反射（instrumental conditioning）和操作性条件反射，这两种条件反射都基于相同的学习原理。

经典条件反射

俄罗斯生理学家伊万·巴甫洛夫（Ivan Pavlov）是研究学习过程的先驱者。起初，他只对消化研究感兴趣。之后，他注意到，狗不仅会在食物摆放到它面前时分泌唾液，而且在预测食物将会出现时也会分泌唾液。因此，他拓宽了研究领域，并和助手着手研究了所谓的“精神反射”（mental reflex），试图量化呈现食物与狗的唾液分泌反应之间的确切关系。他们通过测试不同的变量来达到研究目的，如时间模式，并测量每种情况下的唾液分泌反应。这些狗被关在笼子里，每天进行大约1小时的测试。在测试过程中，这些狗被固定在一个平台的精巧实验装置上，这个装置被称为巴甫洛夫套具（Pavlovian harness）。

> 我是个彻头彻尾的实验者。我把一生都献给了实验。
>
> ——伊万·巴甫洛夫

当选择没有实验经验的狗时，巴甫洛夫团队的所有实验结果正如科学家所预料的那样——当食物出现在狗面前时，狗会分泌唾液，狗不会在食物未出现时分泌唾液。但是，一旦狗获得经验后，它就开始对与食物相关的线索产生反应。一只狗刚

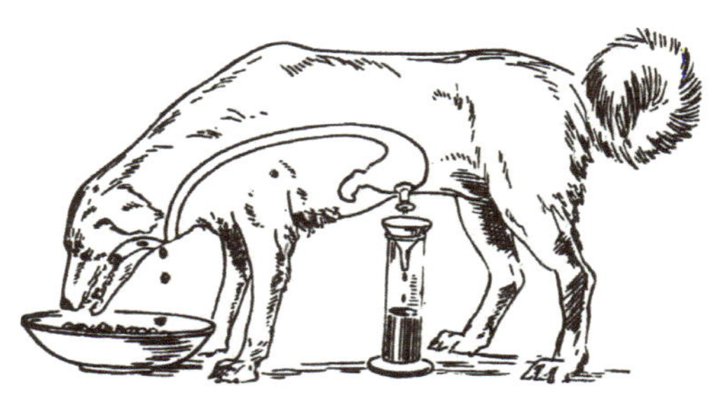

巴甫洛夫做过一个实验。当狗吃食物时，食物被送到食道上的一个口子中，但并没有被送到胃里。胃部却还是出现了条件反射，分泌出了消化液。

刚被带进实验室，看到实验装置，就会开始分泌唾液。当一位实验室助手穿着白大褂从笼子前经过时，另一只狗就会开始分泌唾液。

这两种情况均没有向狗呈现食物。巴甫洛夫继而意识到，他发现了一种形式简单的联想学习。看到实验室平台或穿白大褂的人出现时，这些狗会联想到喂食的动作。这种学习被称为经典条件反射。

> 在做实验时，不仅要如实地记录事实，更要穿透谜团，溯本求源。
>
> ——伊万·巴甫洛夫

巴甫洛夫把他的实验室工作重心从消化研究转向进一步研究他的新发现。他和助手发表了多篇有关经典条件反射的科学论文，并于 1927 年出版了《条件反射》（*Conditioned Reflexes*）一书。

非条件刺激、条件刺激和条件反应

在狗类实验中，巴甫洛夫把食物称为非条件刺激（US），把唾液分泌称为非条件反应（UR）。两个概念都用了非条件（unconditioned）一词，强调两种事物之间的关系还没有被习得。

随后，巴甫洛夫在狗身上尝试进行学习试验。每次试验通常都会对狗进行进一步的刺激，比如，使用某种音调，接着是非条件刺激（食物）。试验很简单。例如，先发出某种音调，十秒钟后向狗投喂食物。每次试验通常只持续几分钟。

在最初的几次试验中，狗对这种音调没有什么反应，但是看到食物会分泌唾液。这就是无非条件刺激–反应关系。随着试验的次数增多，狗听到这种音调后就会分泌唾液。因此，这种音调变成了习得或条件刺激（CS）；分泌唾液成为听到这种音调的条件反应（CR）。在这两组刺激–反应关系即条件刺激与条件反应（音调和分泌唾液）以及条件刺激与非条件刺激（音调和食物）中都使用了“条件”一词。巴甫洛夫发现，一旦对条件刺激出现了条件反应，它就会在多次试验中被不断增强。

- 一个非条件刺激会导致一个非条件反应。
- 条件反射后，条件刺激导致条件反应。
- 行为治疗或修正是在实际中应用操作性和经典条件反射来改变问题行为的疗法。
- 正强化通过奖励某人的某些行为（如表扬）来进行。

关键术语

- **US——非条件刺激**，例如，让狗在期待美食时分泌唾液的食物。
- **UR——非条件反应**，例如，狗看到或闻到食物时分泌唾液。
- **CS——条件刺激**，例如，把开饭前的铃声与即将到来的食物联系在一起。
- **CR——条件反应**，例如，与食物有关的铃声引起的唾液分泌。

消退和泛化

只有当条件刺激和非条件刺激双双出现时，条件反应才会继续发生。当狗看到穿白大褂的人出现时，只有把人的出现和食物相关联，才会分泌唾液。但是，如果他们多次看到该人出现，却没有食物，条件反射就会减弱，最终会完全消失——这种现象被称为消退（extinction）。

当巴甫洛夫利用音调训练狗时，他注意到它们对准确的音调和类似的音调都有反应。音调的频率是以赫兹（Hz）来衡量的，即每秒振动次数。频率相近的音调听起来很相似，频率完全不同的音调（相差八度音程的音除外）听起来完全不同。如果将唾液条件反射伴随 1000 赫兹的音调，当狗听到 950 赫兹或 1050 赫兹频率的音调时，同样会分泌唾液。唾液分泌虽然不够明显，但仍然可以观察得到。当狗听到

实验

将条件刺激和非条件刺激配对

有许多不同的方法可配对条件刺激和非条件刺激。在延迟性条件作用下，条件刺激首先出现，非条件刺激出现在条件刺激的后期。两者的出现有一段重叠的时间。重叠时间可长可短。痕迹性条件作用，是指先呈现条件刺激。条件刺激出现并持续一段时间，然后终止。过一段时间，再呈现非条件刺激。同时性条件作用（simultaneous conditioning）是指，条件刺激和非条件刺激同时呈现，同时终止。

由于这些原因，延迟性条件作用提供了最有效的经典条件反射，特别是当延迟时间较短时，因此在实验中使用得最广泛。

900 赫兹或 1100 赫兹的音调时，也会分泌唾液，但是没有在 950 赫兹或 1050 赫兹的音调下分泌得多。这就是条件反射的泛化（generalization）。

尽管有这种归纳的倾向，狗也可以被训练区分非常相似的音调。如果一只狗经过一系列试验，在试验中，频率为 1000 赫兹的音调伴随有食物出现，频率为 950 赫兹的音调却没有伴随食物出现，那么试验后，狗一听到 1000 赫兹的音调时，就会出现分泌唾液的现象，但狗听到 950 赫兹的音调时，则不会分泌唾液。这种学会辨识差异的能力被称为辨别（discrimination）。

通过狗的实验，巴甫洛夫确立了学习的四个一般性原则：习得、泛化、辨别和消退。他使用不同的音调实验，发现这些狗能够泛化它们对刺激的反应，并且能够区分不同的音调。

习得律

通过对狗的唾液条件反射的研究，巴甫洛夫确定并定义了习得、泛化、辨别和消退。后来的研究者采用不同的方法发现了同样的现象。通过在不同的实验环境中成功重复这些实验结果，这些原则就成了习得律。

巴甫洛夫的研究表明学习可能是经典条件反射的结果。研究表明还有许多其他类型的学习。

理解程序

要了解刺激和反应之间存在的任何经典条件反射关系，需要先弄清楚两者之间的关系。在巴甫洛夫的实验中，非条件刺激是食物，非条件反应是分泌唾液——换句话说，狗在即将被喂食时会自觉分泌唾液。

因此，条件反应必须与非条件反应相依相存才名副其实。条件反应可能会早于非条件反应或与之同时发生。在巴甫洛夫的狗类实验中，条件反应是动物对食物的预期，当它们听到或看到相关的刺激时，这种预期就会被触发；非条件反应是分泌唾液，只有在狗看到或闻到食物的时候才会出现。

案例研究

一定是吃的东西使我生病了

20 世纪 60 年代，加利福尼亚州大学洛杉矶分校的约翰·加西亚（John Garcia）和他的同事发现了味觉厌恶条件反射（taste-aversion conditioning）。味觉厌恶条件反射强调个人在建立联想中起到的作用，特别是将两种刺激如味觉与疾病联系起来的内在倾向。被试为实验室大鼠，反应系统为胃肠疾病。这些大鼠被喂食了一种它们从未吃过的新食物。然后，用一定剂量的 X 光射线或注射氯化锂使大鼠生病。康复后，这些大鼠不会再吃他们在生病之前吃过的这种食物。在这一案例中，条件刺激是新食物散发的味道，非条件刺激是诱发疾病的辐射或化学物质。

在其他经典条件反射实验中，重复配对的条件刺激（如穿白大褂的人）和非条件刺激（如食物）必须在被试（狗）做出条件反应之前就加以呈现，且呈现的时间间隔要短。然而，在味觉厌恶的情况下，不论两者相隔几分钟还是几小时呈现，条件刺激和非条件刺激只配对一次就观察到了条件反应。

在食物中毒的人身上也可以看到类似的效应。例如，你第一次去加利福尼亚州圣巴巴拉市（Santa Barbara）旅行，第一次试吃一种叫作贻贝的海鲜。六个小时后，你感到非常难受，三天卧床不起。经历此劫后，你很可能再也不敢吃贻贝了。可是，这场疾病也许根本不是肠胃炎，也许碰巧是你染上了流行性感冒，与贻贝根本无关，这是完全有可能的。

当你错把一种食物当作疾病的引发原因，并且再也不吃这种食物时，厌恶味觉条件反射就会发生。人们经常把食物中毒归因于海鲜。

巴甫洛夫对狗的唾液分泌反应的研究，为将经典条件反射纳入联想学习研究中的重要实验室程序开了先河。后来的研究者设计了不同的经典条件反射程序，用以研究其他的物种和反应系统。仅举一个例子，许多实验室已经研究过成人的眨眼反应系统。该类研究探讨一股吹向眼睛的空气（非条件刺激）和眨眼（非条件反应）这对非条件刺激–反应的关系。条件反应程序包括配对另一个刺激源，例如，先通过屏幕显现暗淡的黄光（条件刺激），接着将一股气流吹向眼睛。几次试验后，在吹气之前，当屏幕上出现暗淡的黄光时，被试会出现条件反应（眨眼）。

如果电击是非条件刺激，非条件反应则会是一种疼痛感，紧接着会出现迅速逃离电流的回撤动作。这是一种自动的、可预测的且不会改变的反应。对于动物是否能预见电击，已经进行了大量的研究。预期让动物们能够避免电击或准备好接受电击，从而将影响降至最低。这种现象被称为恐惧经典条件反射（fear classical conditioning）。在大鼠实验中，首先训练大鼠通过按压一个杠杆取食，然后在它们的视线范围内先闪烁一束光源，紧接着对它们实施电击。

因此，光源变成了一种条件刺激，每当大鼠看到光源时，就会缩成一团，等待电击。后来，就在大鼠准备按压取食杠杆时，将同样一束光照向它们。结果大鼠并没有按下按钮，这说明大鼠确实经历了恐惧并预料到了电击。作为对恐惧的回应，它们绷紧肌肉，中断了所有的身体活动。

脱敏恐怖症

恐怖症（phobias）是一种非理性恐惧。它们可以通过经典条件反射习得。1920 年，约翰·B. 华生（John B. Watson）和他的第二任妻子罗萨莉娅·雷纳（Rosalie Rayner）发表了一篇他们对一个 11 个月大的孩子小阿尔伯特的研究报告。华生和雷纳说，小阿尔伯特在实验之前，是一个性格外向、充满好奇心的孩子，很少表现出恐惧。他对华生实验室里的人和动物，甚至是大白鼠都很感兴趣。

> 如果学习或其他环境能够通过控制提供适当的刺激，那么就能引发适当的反应。
>
> ——约翰·B. 华生

然而，这名儿童确实对巨大的噪声有强烈的恐惧反应：对小阿尔伯特来说，巨大的噪声（非条件刺激）引起了恐惧反应

（非条件反应）。华生和雷纳每天向小阿尔伯特展示一只实验室大白鼠（条件刺激），紧接着弄出一声巨响（非条件刺激）。几天以后，小阿尔伯特见到大白鼠就表现出了害怕。小阿尔伯特已经习惯于把大白鼠和他对巨大噪声的恐惧联系在一起了。

1924年，俄亥俄州立大学的玛丽·科弗·琼斯（Mary Cover Jones）在报告中称，通过经典条件反射技术，她帮助了一位名叫彼得的孩子对恐怖症顺利脱敏。彼得不合情理地害怕兔子。琼斯在彼得吃他最喜欢的甜点时，让一只兔子逐渐靠近他。随着时间的推移，他开始将兔子的出现与享受他最喜欢的食物的快乐关联起来。作为食物的条件刺激和期望兔子与食物出现的习惯抵消了他对兔子的恐惧。

玛丽·科弗·琼斯利用经典条件反射帮助一个叫彼得的孩子消除了对兔子的恐惧。当彼得吃他最喜欢的甜点时，让一只兔子越来越接近他。渐渐地，在彼得心中，兔子与愉快和满足产生了联系，从而消除了他的恐怖症。

沃尔普疗法

1958年，临床心理学家约瑟夫·沃尔普（Joseph Wolpe）发表了他关于人类恐怖症的系统脱敏研究。沃尔普认为，人类的恐怖症是通过经典条件反射习得的，就像小阿尔伯特习得害怕实验室的大白鼠一样。沃尔普以琼斯和彼得的工作为基础，论证恐怖症是可以消除的。沃尔普疗法（Wolpe's treatment）有三个步骤。首先，治疗师与患者针对恐惧进行长时间的交谈。治疗师和患者一起将恐惧分类，对病人最不害怕到最害怕的事物或情况进行等级排序。其次，治疗师与病人分享各种放松技巧，包括呼吸练习、拉伸肌肉、放松，以及想象宁静的地方。技术能帮助大多数病人学会深度放松。最后，达到深度放松时，治疗师会要求病人想象面对恐惧情况的场景。从想象恐惧等级清单上恐惧感最低的事物或情况，逐渐想象到最恐惧的事物或情况。

沃尔普发现，在接受他的治疗的患者中，90%以上通过系统脱敏疗法取得了良好甚至出色的治疗效果。这种疗法不仅有效，还比其他治疗恐怖症的疗法要快得多——在一个月的治疗时间里，只需20小时的疗程就可完成。

工具性条件反射

经典条件反射是一种学习类型，它解释了一系列基于先天反应的行为，如情绪反应（特别是恐惧和恐怖症）和食物厌恶。

非条件反应必须是自动和无意识的。美国心理学家爱德华·李·桑代克（Edward Lee Thorndike）发现了工具性条件反射（instrumental conditioning，即后来发展为操作性条件反射），这是一种不需要先天反应的学习过程。而动物的行为是自愿的，会对环境产生影响。

> 人类精神生活的发展堪比整个动物界的发展。
>
> ——爱德华·李·桑代克

为了证明工具性条件反射的习得理论，桑代克设计了一系列迷箱用以测试不同的物种，其中最著名的实验对象是猫。这些迷箱由木头和金属制成，里面安装了一些装置，如螺栓、按钮、插销、杠杆和环子。把一只猫关在箱子里。如果它能操纵正确的装置，就能逃脱。桑代克测试了 13 只猫，每只都被单独放在一只迷箱里。每只迷箱都安置了不同的逃生装置。桑代克观察了这些猫的行为，并记录了每次试验时它们逃生的时间。

在第一次试验中，每只猫都会做出一些不同的行为，但这些行为无法帮助它们逃出迷箱。这些行为包括发出嘶嘶声、吐唾沫、来回踱步和抓挠。大约几分钟后，猫通过反复试错设法逃脱。在后来的多次试验中，每只猫都会取得进步：无效反应的频率会降低，有效的逃脱反应会更早发生。但是进展非常缓慢——猫无法凭借顿悟的方式逃脱，它们需要一段时间才能习得逃生知识，通过反复试错以及逐渐丢弃无效反应最终逃脱。无论如何，这是一项重要的发现。桑代克的实验结果表明，猫既不是通过洞察力习得知识，也不是通过运用解决问题的能力习得知识。在经历最初的盲目摸索后，努力付出获得了回报，这些实验将来极有可能得到重复验证。

桑代克对该实验结果的第一个解释是，“反应与情境产生联结，只是因为它们在这些情境中频繁出现。”这就是著名的练习律（the law of exercise）。然而，后来他改变了自己的观点，即为什么刺激和反应之间会形成联结。他的新观点认为，当一种反应出现在刺激情境中，并产生“令人满意的状态”时，这种反应会逐渐成为一种习惯。通过这种方式，重复的成功（比如，从迷箱中逃脱）会导致越来越强的刺激–反应联结。而且，随着试验的进行，无效行为会逐渐减少，因为只有有效的行为会得到回报，无效的行为是没有回报的。

> 我认为，科学的行为分析必须假定，一个人的行为由他的遗传和环境历史所控制，而不是由他自己作为一个发起者和创造者所控制。
>
> ——伯尔赫斯·弗雷德里克·斯金纳

桑代克将这一解释正式定义为效果律，该理论指出：“在其他条件相同的情况下，在对同一情境做出的几种反应中，那些同时出现或紧随其后出现的、令动物满意的反应，将与该情境建立更加牢固的联结。因此，当这种联结再现时，再现的频率会增加。在其他条件相同的情况下，那些同时出现或紧随其后出现的、令动物不适的反应，与该情境的联结会减弱。因此，当这种联结再现时，再现的频率会减少。”这一普遍的学习法则适用于许多不同情境下的多个不同物种。

伯尔赫斯·弗雷德里克·斯金纳

桑代克发现，那些有助于产生良好结果的反应会形成联想学习，这一发现影响了许多心理学家，特别是伯尔赫斯·弗雷德里克·斯金纳（Burrhus Frederic Skinner）。斯金纳花了很多年的时间，对迷箱中的动物进行进一步的条件反射实验，详细阐述桑代克的学习理论。

查尔斯·达尔文（Charles Darwin）的进化论说服了桑代克和斯金纳，他认为物种之间存在着连续性，因此可以通过对非人类动物的研究来总结适用于人类的一般学习规律。巴甫洛夫对经典条件反射的研究使斯金纳相信，可靠有效的实验室数据可以揭示关于条件反射和学习的事实。斯金纳还受到约翰·B. 华生的行为主义著作的影响，强调严谨的心理学应该关注可观察到的行为。尽管时至今日，行为主义学说在很大程度上被心理学家所摒弃，不过，其中的一些发现仍然不失实际应用的价值。然而，对斯金纳影响最大的，是桑代克对猫的研究。

操作性条件反射

斯金纳设计了一种类似于桑代克的研究方法，被他称之为操作性条件反射。在这一语境中，“操作性”是指动物的行为会对环境“产生作用”。20 世纪 30 年代，他在哈佛大学和明尼苏达大学设计了一种特殊的盒子，在实验中用来研究大鼠的行为。这种设备有时被称为“斯金纳箱”（Skinner Box），这个术语是由行为心理学家克拉克·L. 赫尔（Clark L. Hull）首次提出的。但是斯金纳本人不喜欢这个名字，他总是称其为操作性条件反射室。

> 工业和教育的强化特征几乎总是间歇性的，因为通过强化每个反应来控制行为是不可行的。
>
> ——伯尔赫斯·弗雷德里克·斯金纳

操作性条件反射室的天花板安有照明灯。地板铺设有多条结构紧密的不锈钢钢条。前面的面板上安置了一个金属杠杆，大白鼠可以按压杠杆，箱内还配有一个粮食分配器，可以让小颗粒食物落入盘中。这个小箱的前面安装了几个灯泡，可以由实验者通过扬声器打开和关闭，以呈现听觉刺激，如音调。最早的操作性条件反射室是通过机电设备或固态开关电路实现自动化的，现如今的操作性条件反射室有时会通过计算机实现自动化。

如果用科学术语阐述，操作性条件反射是基于反应和结果之间的偶然性。如果大白鼠在操作室中按下杠杆，那么它很可能会获得食物颗粒——动物执行操作，强化的概率就会增加。由于在条件反射之前，大白鼠一直处于饥饿状态，因此可能出现的结果是，大白鼠按压杠杆以期获得食物颗粒的动作反应概率增加。斯金纳称之为“杠杆按压反应强化”。强化的概念指的是反应的加强，表现为大白鼠动作反应概率增加。

后来，斯金纳设计了一个类似的操作性条件反射室来研究鸽子的行为。与大白鼠不同，鸽子的视力极佳，包括色觉，斯金纳想研究鸽子的视觉分辨学习能力。他在条件反射室里放置了一个发光的圆盘，训练鸽子去啄食圆盘以获得食物。

1950 年，斯金纳实验中的一只鸽子。鸽子必须将彩色光线与颜色相同的彩色面板匹配，才能获得食物奖励。

积极强化

斯金纳还研究了操作性条件反射消退反应行为的可能性。这种可能的情况是，当大白鼠按下杠杆时，它的爪子就会受到疼痛的电击。结果是，大白鼠按下杠杆的行为减少，甚至会完全消失。斯金纳称之为“惩罚效果”。斯金纳一贯主张使用强化而不是惩罚。他认为强化的效果是永久的，而惩罚的效果是暂时的。

正强化只是通过为被试提供其喜欢或享受的东西来实现。它会鼓励动物重复某种似乎会导致这种结果的行为。有许多例子可以佐证：海狮表演用鼻子顶起一只球，得到一条鱼；狗给主人取来拖鞋，得到一块饼干；一个孩子因为表现良好而受到父母的表扬和关注。

斯金纳提倡对良好行为给予正强化。正强化会鼓励人和动物重复良好的行为。这只狗的主人应该奖励它取回报纸的行为。

> 当某种行为产生了被称为强化的结果时，它就更有可能再次发生。正强化物会强化任何导致它的行为。
>
> ——伯尔赫斯·弗雷德里克·斯金纳，1974 年

在这一大类中有两个分支，即初级和次级强化。初级正强化物是指动物本能喜欢的东西，不需要习得。这种强化物包括食物和交配机会。次级正强化物是动物必须学会喜欢的东西。学习可以通过经典的条件反射或其他方法来完成。例如，金钱是次级强化物。可以说，金钱是一种后天习得的兴趣。成年人会热切地追求金钱，但是为了让一个三岁的孩子整晚待在自己的床上而不上父母的床，给她 10 美元做交易是没有什么效果的——她还没有认识到金钱作为一般等价物的价值。

强化程序表

强化程序表是决定什么时候呈现强化

以获得下一次反应的时间表，以及一种行为获得奖励的频率。强化程序表有许多种类型，包括：固定时间间隔强化、不固定时间间隔强化、固定比率间隔强化、不固定比率间隔强化以及随机强化。固定时间间隔强化是指定期给予强化。不固定时间间隔强化是指不定期给予强化。

固定比率间隔强化是指，只有在重复完成一定数量的指派任务后才给予奖励或强化。1∶1 的固定比率是指每一次正确的行为都会获得奖励。但是，如果固定比率是 1∶3，那么每三次行为只有一次会获得奖励。有些人就是依据固定比率获得报酬的，即所谓的计件工作：一个打字员每打出 100 个地址标签就可以得到 10 美元报酬，但只完成 99 个则得不到任何报酬（比率为 1∶100）。这种类型的程序表可能效果不错，但并不总是有效的。在某些情况下，去除强化物会很快导致行为的消退——换句话说，如果奖励不够频繁，不足以引起人或动物的反应，那么他们就会完全放弃这种行为。在其他情况下，被试一旦发现前两次的行为不会得到奖励，而第三次的行为无论如何都会得到奖励，就会改变他们的行为。

焦点

强化桥梁

动物训练师可以创造特殊的次级强化物，称之为桥梁（bridge）。例如，当训练者奖励一匹马一块糖（初级强化物）时，可能还会同时轻轻拍拍它。这就是桥梁。马可能会像享受食物奖励一样享受轻拍。这个过程产生了一个条件正强化物，也被称为条件强化物（conditioned reinforcer）。一些已经习得桥梁的动物对强化物的反应可能和对奖励本身的反应一样积极。

这匹马可能喜欢轻拍就像喜欢被喂食胡萝卜一样。初级和次级强化物之间的这种联系被称为桥梁，常用于训练动物。

> 只关注群体行为的行为科学，不太可能对我们理解特定案例有所帮助。
>
> ——伯尔赫斯·弗雷德里克·斯金纳

在不固定比率间隔强化程序表中，根据正确行为的平均数给予强化物。1∶5 的不固定比率意味着平均每五次行为中就有一次会得到奖励。但它可能是五次行为中的任何一次，只要在一段时间内机会被平摊为五分之一。最后，在随机强化程序表中的行为和后果之间将没有关联。

命运和机遇就符合这一理论。

如果过去被强化的行为停止强化，那么这种行为可能会消退。为了避免这种情况，有必要寻找一个次级强化物。例如，虽然你可能不会在你的狗每次服从“坐下”的指令时都给它奖励，但你还是应该表扬它（比如，夸它“好孩子”）。在某些情况下，不固定比率间隔强化往往会减缓消退的速度，或者使行为不那么容易消退。如果人们期望在某个时候，但不一定是每次做某事后获得奖励，那么他们就不太可能因为最初几次的行动未能获得预期结果而停止行动。这就是单臂强盗（老虎机）受欢迎的基本原理。虽然从统计学来看，中奖概率可能是极低，但人们还会继续玩老虎机，因为他们认为，“我也许上次没有赢，但我下次肯定会走运。”

对一种行为的不固定比率间隔强化并不一定意味着它会消退。拉斯维加斯的赌场里挤满了认为自己最终会中大奖的人，所以他们不会因为每次都没有赢就停止投注。

当一种在过去被强烈强化的行为不再被强化时，动物可能会经历所谓的消退爆发（extinction burst），即他们会在一种疯狂的突发活动中重复地执行同一个行为，然后这个行为会消失，但是也可能会自发地恢复，即看似消退的行为又重新出现了。在执行强化程序时，还有许多其他事项需要注意。如果动物出于恐惧而行动，你可能奖励的是恐惧反应而不是阻止不希望看到的行为。

例如，如果你拥抱一只害羞的狗，它可能会认为你是在奖励它的害羞行为，而这实际是你想消除的行为。时机也很重要。如果你想让宠物一直陪你待着，但在你说“可以走了”后给了它一块巧克力作为奖励，它可能会认为你是在奖励它的后一种行为（让它走），而不是前一种行为。此外，奖励必须足以激励重复行为。对某些动物来说，温和的赞美是不够的。另一个潜在的问题是，强化可能与施与者有关，而不是与动物的任何行为有关。如果动物意识到当你不在场时，它将不会得到任何奖励，那么当你不在场时，它可能会失去行动的动力。动物可能会对你提供的奖励感到满足——当得到的奖励足够多时，它们会失去动力。

> 操作性条件反射是正在进行的选择。它就像将一亿年前的自然选择或一千年的文化演变压缩在了非常短暂的时间内。
>
> ——伯尔赫斯·弗雷德里克·斯金纳

关于操作性条件反射的一个重要且悬而未决的争论集中于——特定行为的动机是外在的（例如，金钱或食物）还是内在的（“只是为了好玩”，而不含有功利性）。一组研究人员认为，这两种奖励是相同的，这意味着操作性条件反射是对奖励如何维持行为的广泛研究。相反的观点认为，内在和外在的奖励是非常不同的。例如，人们可能纯粹出于享受而作画或写作，这意味着操作性条件反射是对特定奖励如何维持特定行为的研究。

正惩罚

正惩罚是通过撤销令人愉快的享受或好东西来减少行为的发生。如果一个人或一只动物喜欢或依赖这种类型的奖励，他们

正惩罚，如威胁不给零花钱，可能足以说服这对兄弟分享他们的玩具。取消零花钱的威胁可能足以阻止他们的不良行为。

就会努力避免失去它们，不太可能会重复导致该类奖励撤销的行为。举例来说，如果两个孩子继续打架，父母就会减少他们的零花钱，这将刺激他们停止打架，维持和平。

如果正惩罚运用得当，会成为阻止不良行为的最有效方法。它的主要缺陷是并没有教授具体的可替代行为。然而，减少不良行为并不总需要惩罚本身——威胁可能就足够了。这种刺激被称为次级正惩罚。例如，如果一只小狗习惯于每次弄脏地毯时都会有人轻敲它的鼻子，它可能会把举向它的手视为足够的暗示，然后跑到外边躲避；只要父母暗示扣留零花钱的可能，正在争抢玩具的兄弟可能就会马上停止争抢。但是正惩罚并不总是成功的。如果一只狗正玩得愉快时却经常被主人召唤，它会开始将自己的名字与惩罚联系起来，再被召唤时，它会拒绝前来。这就是所谓的条件负面惩罚。为了使惩罚有效，一个正惩罚必须立即跟随一种行为或者与该行为有明确的联系。许多驯狗师积极地将口令“不”和一些惩罚行为搭配，使该口令与结果形成关联。条件惩罚是操作性条件反射中训练特定行为的重要方法。

行为的动机通常是对奖励的期望。即使有惩罚，奖励的动机仍然存在。例如，一个孩子可能喜欢大人的关注，哪怕这种关注只不过是大人的唠叨。或者，如果可能获得食物奖励，大白鼠可能甘愿冒触电的危险。

就像正强化物一样，施加正惩罚必须要小心选择时机，与不希望看到的行为步调一致，才会有效果。假设你想让你的狗停止追逐绵羊——如果把狗唤来之后才去打它，它可能无法把你的行为与追逐绵羊建立联系，并认为它是因为听从召唤才挨打的。

动物因其行为获得奖励的经验越多，停止或减少其不受欢迎行为的惩罚力度就需要越大——青少年可能发现偷偷饮酒或吸烟的乐趣超过了被父母“禁足”的惩罚。另一个问题是惩罚可能会与实施惩罚的人形成关联。只要你不在场，因追逐绵羊而被打的狗可能还会追着绵羊跑。

惩罚的一个问题是，越轨行为的回报通常大于惩罚的坏处。这些一起喝酒的年轻男孩可能会发现这种经历足以让他们冒被禁止外出或见面的风险。

人物传记

盒子里的婴儿

伯尔赫斯·弗雷德里克·斯金纳和他的妻子夏娃有两个女儿，长女朱莉（Julie）和二女儿德博拉（Deborah）。夏娃怀德博拉时，她询问丈夫，他是否能想出一些更容易照顾婴儿的主意。斯金纳由此造了一个婴儿护理箱。这只箱子的温度可以人为控制，德博拉可以在里面玩耍，每天有几个小时可以光着身子。德博拉是一个非常快乐健康的婴儿，后来成长为一名适应能力健全的人，粉碎了一些报道的谬传。斯金纳在《女士家庭杂志》（*Ladies Home Journal*）上发表过一篇关于此事的报告。他试图将婴儿箱推向市场，但没有成功。

德博拉·斯金纳和她的母亲在她父亲设计的婴儿箱里玩耍。婴儿箱里很安全，温度和湿度都受到严格的监控。

不幸的是，关于把婴儿放在箱子里的事被传得沸沸扬扬，而且与事实并不相符。当然，斯金纳因使用盒子对大白鼠、鸽子和其他动物进行操作性条件反射研究而闻名。所以有人写文章说，德博拉变成了他盒子里的实验对象。这完全是不真实的。

德博拉的姐姐朱莉在婴儿护理箱中照顾自己的孩子，与自己曾待过的婴儿护理箱非常相似。姐妹俩一直都很清楚，父母为她们营造了温暖有爱的生活环境。两个人一生都与父母关系密切。

然而，有关斯金纳两个女儿的谣言一直甚嚣尘上，包括她们自杀或患有精神病的报道。然而，在现实中，朱莉是一位成功的教育心理学教授，德博拉是一位艺术家，她的作品曾在伦敦皇家学院展出。

刺激控制

一旦一只大白鼠被训练用杠杆按压取食，那么它按压杠杆的行为就能被刺激控制（stimulus control）。假设在实验中加入一种提示音，并且每隔几分钟时间就从播放到关闭，再从关闭到播放循环一次，那么，只有在播放提示音时，大白鼠按压杠杆的反应才会加强。大白鼠所学会的是，只有在听到提示音后才去按动杠杆。这种提示音会成为一种辨别刺激，大白鼠按压杠杆的行为会受这种提示音刺激的控制。

辨别刺激（如提示音）具有强化特性。这可以在操作性条件反射室中显现出来。一旦大白鼠意识到这种提示音是一种辨别刺激，它就会做出促使这种提示音产生的行为。例如，假设在大白鼠跳起来之前，提示音一直是关闭的。当它跳到空中时，提示音就会响起，大白鼠可能会按下杠杆以获得食物强化物，而提示音随即关闭。现在的行为顺序或链条是：跳跃——听到提示音——按下杠杆——出现食物。这个链条包含两种行为和两个强化物。第一种行为是跳跃，第一个强化物是提示音开始播放；第二种行为是按压杠杆，第二个强化物是食物颗粒。食物是天然的强化物。提示音是一种条件强化物，因为提示音的强化性质是通过条件作用获得的。

> 不可否认，行为主义是“有效的”。折磨也是。
>
> ——威斯坦·休·奥登
>
> （Wystan Hugh Auden）

塑造是一种重要手段，能够训练动物完成一系列复杂的动作。起初，近似的动作也会得到奖励，但逐渐地，只有最接近期望反应的行为才会被奖励。这就是逐次逼近法（successive approximation）。这种技术已经成功地运用于动物训练，比如，这只海豚就能够完成一系列复杂的动作。

请注意，这个行为链是由终点行为构建的。首先，大白鼠被教会按压杠杆获得食物。然后，研究者引入了一个辨别刺激，它变成了一个条件强化物。那么在给予条件强化物之前，必须发生另一个行为。利用条件强化物和天然强化物，可以构建一个较长的行为链。

复杂的行为也是可塑的。先是对近似行为进行最初强化，接着以奖励诱导，逐渐增加对动物的要求，直到出现理想的行为。这种技术已被广泛用于训练马戏团的动物以及动物表演的电视节目中。

行为疗法

伯尔赫斯·弗雷德里克·斯金纳对行为疗法（behavior therapy）和行为矫正（behavior modification），即将操作性条件反射应用于对问题行为的矫正非常感兴趣。1948年，在印第安纳大学期间，他启发研究生同学琳达·富勒（Linda Fuller）将操作原理应用于一名18岁的住院少年身上，这名少年被诊断为智障者，整天躺在床上，一动不动。少年从未发出一点声音，由于他拒绝吃喝，只好被灌食。富勒用一种牛奶强化物对他进行治疗，这种强化物被直接注射到他嘴里。通过不断强化，她训练他学会利用身体的不同部位做出动作。

> 如果我们最终表现得像大白鼠或巴甫洛夫的狗一样，这在很大程度上是行为主义训练使然。
>
> ——理查德·迪安·罗森
>
> （Richard Dean Rosen）

20世纪50年代，还是在哈佛大学期间，斯金纳启发了另一名研究生同学奥格登·林斯利（Ogden Lindsley），让他去波士顿马萨诸塞州医院（Boston Massachusetts State Hospital）治疗精神病患者。林斯利用糖果和香烟强化剂改变了他们的行为。1963年，一位名叫特奥多罗·艾伦（Teodoro Ayllon）的心理学家，同样在斯金纳的指导下，对一位有九年偷窃史和囤积毛巾史的女性精神病患者进行了治疗。按照艾伦的指示，每当她偷回一条毛巾，工作人员就会送给她许多条毛巾。直到她的小房间里足足囤了650条毛巾！之后，她开始从房间里往外拿毛巾。送给她大量毛巾的行为降低了毛巾的强化价值（reinforcing value）。1968年，艾伦和内森·阿兹林（Nathan Azrin）在伊利诺伊州立医院（Illinois State Hospital）实践了他们自称为代币经济（token economy）的实验，该医院专门治疗女性精神分裂症患者。这些妇女如果做出令人满意的行为就能获得塑料代币，这些行为包括整理床铺和按规矩吃饭。这些代币随后被替换为某类特权，比如，获准在庭院里散步，得到想要的东西，比如，糖果。根据斯金纳的定义，代币是条件强化物。艾伦和阿兹林发现，这些妇女令人满意的行为大幅增加。把这种代币替换之后，她们令人满意的行为则会减少。之后，当再次使用代币时，令人满意的行为又再次急剧增加。

1969 年，威康姆·艾萨克斯（Wycombe Isaacs）和 J. 托马斯（J. Thomas）及 I. 戈尔戴蒙德（I. Goldiamond）也使用操作性条件反射来治疗一名 21 年不说话的精神分裂症患者。他们用口香糖作为强化物。为了获得口香糖，病患必须做出嘴唇和眼睛的动作，或者发出声音。五个星期后，病人就能说话了，而且再没有出现不说话的情况。

另一种技术是测量身体机能，比如，心率或血压，将其放大之后，通过声音或其他形式呈现给病人。该技术已经帮助他人成功地控制了特定反应，例如，在紧张或恐惧的情况下的反应。

使用现状

斯金纳的后效强化（contingency of reinforcement）在改变各种不良行为方面取得了巨大的成功，如暴饮暴食、吸烟、害羞、言语障碍和自闭症（孤独症）谱系障碍。

尽管一些应用斯金纳理论的人使用了惩罚和厌恶程序，斯金纳却反对这种做法，并一直提倡使用强化手段。他认为，虽然惩罚使个体认识到某种行为不恰当，但并没有向个体展示什么是正确的行为方式。惩罚在短期内也可能有效，但一旦停止惩罚，不希望看到的行为很可能会死灰复燃。

在教育中的应用

强化可以用于课堂。儿童可以通过遵守某些明确规定的规则来获得代币。代币是次级强化物，因为它们被用来换取希望被看到的行为，例如，在教室外跑步或阅读一本喜欢的书。在学校里，老师的赞许可以成为一种强有力的正强化因素。如果要使用惩罚，可以采取口头警告，或者拒绝学生参加其最喜欢的活动。如果该行为没有对孩子或他人造成伤害，那么消退或忽略偏异行为则有可能解决问题。

孩子们正在快乐地学习数学。如果每个正确回答都能得到积极的奖励，例如，获得星星或分数，就有助于学习吸收。操作性和经典条件反射理论已应用于课堂教学，取得了不错的效果。

反对意见

有些人以伦理为依据反对行为疗法。首先是反对使用不愉快的刺激，例如，厌恶疗法中的刺激。最终结果证明了该疗法的正确性，也让这类批评不攻自破。为了让当事人受益，他们可能不得不面对自己害怕的东西，这种经历非常痛苦，但从长远来看可能会使其最终得益。

其次是对剥夺人们选择自身行为方式的权利的担忧。反对这种批评的论点是，没有人可以自由选择行为方式，强化和惩罚已经渗透到了日常生活的方方面面。

治疗师为了病人的利益会控制这些刺激。另一种反对意见是，这种治疗或学习模式的效果是短暂的。理由是它处理的是直接的行为，而没有触及潜在的问题。

巴甫洛夫的条件反射理论和操作性条件反射理论的核心观点是，在各种情况下，都存在适用于各种物种的一般性学习原则。大多数学习理论都是从实验室的动物实验中得出的。例如，斯金纳写了一本书，专门探讨了鸽子啄击键盘的行为，但他确信这些发现可以被推广，所以他把书定名为《有机体的行为》（*The Behavior of Organisms*）。批评者反驳，这些结果不能自动套在人身上，因为人有更加复杂的神经系统，还有思考能力。斯金纳的假设有可能错误，因为某些学习方式是某类物种所特有的，或者取决于正在学习的内容——例如，人类的语言学习。有些学习原则并不能放之四海而皆准。

尽管有诸如此类的批评，而且直到今天也鲜有心理学家完全接受这些技术，行为主义者的这些遗产对学习理论和治疗的发展仍然做出了重大贡献。

* * *

行为主义通常被认为是心理学中最科学的方法之一，因为它专注于可以直接观察和测量的行为。行为主义可以用来解释的行为范围十分广泛，实际应用也可能极其强大和有效。然而，批评家认为对动物研究的发现不能被直接套用到人类的行为上。另一种批评认为，行为主义对于人类学习的原理解释过于简单——人类个体比巴甫洛夫、桑代克、斯金纳和华生的实验对象更加复杂。这种将学习行为简化为对强化和惩罚的简单反应也被一些批评者视为非人性化的做法。最后，批评家认为这种学习方法太过肤浅。偏异行为可以被消除或改变，但是潜在的问题并没有被解决。行为主义者的回应是，如果这些技术可以成功矫正偏异行为，就没有必要再进一步分析潜在问题了。

> 行为控制是一门复杂的科学，普通母亲没有经过多年的训练是无法初窥门径的。
>
> ——伯尔赫斯·弗雷德里克·斯金纳

巴甫洛夫和操作性条件反射都是通过联想来学习的类型，其核心观念是，行为是由某些刺激引起的。一个刺激让我们联想到另一个刺激，从而影响我们的下一步行动。这两种理论的主要区别在于，操作性条件反射将学习视为一个更加积极的过程，而人是在他们设置的环境中“行动”的。我们日常生活中的许多行为都受到条件反射的影响。尽管我们对大脑的工作方式和我们的学习方式仍然——而且可能永远——无法完全了解，但很明显，我们的大部分行为是基于某种形式的联想。心理学面临的挑战是如何利用这种洞察力，并把它应用于实践。

第四章 表述信息

散发出一种气味是一回事，被认作是一种气味是另一回事。

——约翰·杜威（John Dewey）

我们的大脑可以储存海量信息：大多数人在读、写、说方面都可掌握数千个词语；我们能记住自己家到几十个不同地方的路线；心理学家宣称，我们可以记住数千张不同的图片。心理学对大脑的大量研究集中于它如何存储和表述海量数据。

在现代世界，各种设备都在表述信息。有些东西，像书籍和地图，已经存在了几千年。另一个极端的例子是，万维网（World Wide Web）直到1993年才出现，尽管因特网（Internet）已经存在好几年了。

如果将这个城市的街道绘制成地图，并不是每一个细节都会被绘制出来，地图是省略了非必要信息的外在表现。

然而，与大脑相比，即使最古老的书籍也是“后起之秀”。几百万年来，人类的大脑一直在表述信息。

几千年来，哲学家一直试图弄清楚大脑是如何储存和表述信息的。大约一百年前，心理学家开始通过实验来回答这个问题。要做实验，你必须对你可能发现的结果有所认识。科学家将这种认识称之为假说。当心理学家进行实验时，他们寻找合适的假设来表述大脑如何表述信息。

记忆某件事的过程就像在人的脑海里绘制一幅画吗？人们熟知的故事是否储存在相当于书本的精神世界中？大脑是否会像字典一样表述我们对不同词语的理解？

人们以许多不同的方式分享信息。书籍用文字写成，图片用线条描述，地图是绘制而成的。然而，书籍、图片和地图并不等同于它们所代表的事物。例如，一张纽约地图并不等于纽约。地图、书籍和图片只是表征。表征为我们提供相关世界的有用信息。表征会忽略无用信息。例如，一张纽约的旅游地图并没有标出污水井盖的位置。游客无须知道城市的污水井盖在哪里。在地图上绘制出不必要的信息会使它更难被参照，也没有必要。

心理学家将书籍、图片和地图描述为外在表征。它们不同于内在表征，内在表征是大脑存储和显示潜在有用信息的方式。

大脑中的图像

几个世纪以来，人们不断对内在表征进行理论化。希腊哲学家亚里士多德认为记忆就像在大脑中储存图片。此后，哲学家们一直在争论这一观点，但科学家们大约在120年前才加入这场争论。1883年，英国科学家弗朗西斯·高尔顿（Francis Galton）研究了大脑使用的意象，他让一些朋友想象一下他们那天早上吃早餐时餐桌的样子。相当多的人表示他们对自己那天吃早餐时的餐桌没有印象。他们可能记得自己吃了什么，但却不记得餐桌的样子。

> 我发现绝大多数科学界人士都抗议说，精神意象对他们来说是未知的。
>
> ——弗朗西斯·高尔顿

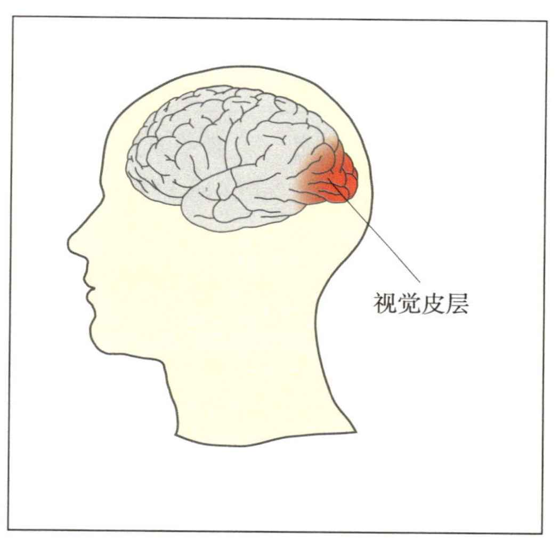

视觉皮层位于大脑后部。它通过视神经与视网膜相连，视网膜是眼球后部的神经结构，可以将光转化为神经电脉冲。无论是在观察一幅图像，还是事后回忆，视觉皮层的活动都很活跃。

心理学家现在知道人们可以产生心理图像（mental image）。绘制大脑功能图的技术，如功能性磁共振成像（fMRI），显示了一个人大脑中最活跃的区域。当人们观看图片时，大脑中被称为初级视觉皮层的部分开始努力运作。当你把照片拿走时，初级视觉皮层会放松。当你让人们想象他们刚刚看到的画面时，初级视觉皮层又开始活跃。这时，它几乎和观察图片时的活跃程度一样。这项研究表明，当我们观看图片和想象图片时，大脑的同一区域一直保持活跃。

但如果是想象一幅我们没有见过的图片呢？人类很善于形成心理图像。想象一只知更鸟在地上跳跃。现在想象有一头奶牛站在它后面。奶牛正扭着脖子看知更鸟。许多人在想象这类图片时经历了相同的事

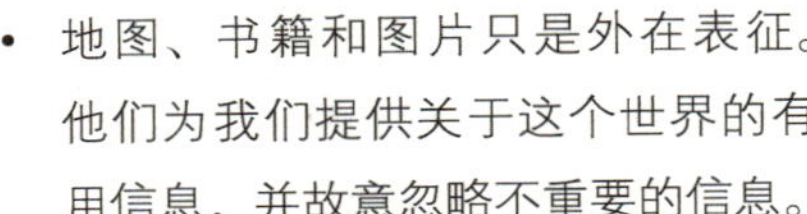

要点

- 地图、书籍和图片只是外在表征。他们为我们提供关于这个世界的有用信息，并故意忽略不重要的信息。
- 内在表征是大脑储存潜在有用信息的方式。
- 当我们想象一幅图片时，我们动用与观察图片相同的大脑区域。
- 想象的图片（或心理表象）在某些方面与照片相似。
- 我们对图片的记忆受到我们对图片的解读方式的影响。
- 虽然我们能记住成千上万张图片，但我们对细节的记忆并不持久。
- 心理地图可能需要几个月的经验才能建立。
- 类别是一组对象，可能包括名词、动词或抽象概念。
- 概念的定义属性试图表明所有概念都可以用属性列表来描述。每个属性都是必要的，它们一起定义了概念。
- 类别成员并不是“非黑即白”，这些成员的典型性不同。例如，心理学研究揭示，人们把知更鸟归类为典型的鸟类，而不是企鹅。
- 当人们想到一个类别时，他们往往会想到它的典型成员。
- 大脑可以在关联特征网中存储关于类别的信息。另一种理论认为，信息储存在一个具体实例的网络中。
- 人类大脑包含关于在特定情况下发生的通常事件的一般信息。罗杰·尚克（Roger Schank）和罗伯特·埃布尔森（Robert Abelson）把这些信息称为脚本。
- 人们根据广泛的主题或图式对故事进行分类。
- 我们对通常情况下会发生什么的预期会影响我们对真实事情经历的记忆。
- 我们记忆故事的能力受到故事对我们有多大意义的影响。
- 联结主义是一种思考心灵的方式，它考虑到了大脑的生物学知识。

实验

心理旋转

想象一下，你正在观看对象相同、但角度不同的两张照片。人们通常能够推断出两张图片是同一个物体，但他们是如何得出这一结论的呢？许多人感觉他们好像会在脑海中转动一个物体，直到它与另一个物体以相同的角度呈现。然后他们就可以分辨出这两个物体是相同的。

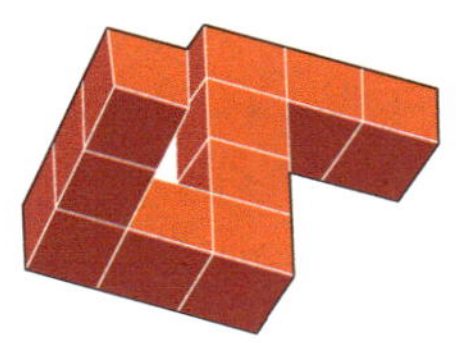

谢泼德和梅茨勒向被试展示了这样的图像，并询问他们是否以不同角度呈现了同一物体。研究人员发现，图像之间的旋转角度与人们判断物体是否相同所用的时间之间存在密切联系。

人类真的会在脑海中转动物体进行比较吗？1971年，心理学家罗格·谢泼德和杰奎琳·梅茨勒（Jacqueline Metzler）进行了一系列实验来寻找答案。他们绘制了多幅一对物体的图像。有一些图像中的物体是相同的；还有一些是以相同的角度绘制的，其他图像则是以20~180度不等的角度绘制的。第二组图像同样以不同的角度绘制了一对物体，但物体完全相同。

研究人员向一组被试展示这些图像，并记录他们用以判断这两个物体是否相同的时间。当他们查看结果数据时，谢泼德和梅茨勒注意到，物体每多旋转一度，人们就要多花一点时间来判断它们是否相同。人们似乎能够转动脑海中的图像。

在后来的实验中，科学家们在图像上添加了一个箭头，指示人在脑海中转动物体的方向。在大多数情况下，箭头是如实标注的。如果它指向顺时针方向，那么顺时针方向比逆时针方向更有效。然而，少数箭头指向了错误的方向。这误导了被试，使他们在脑海中错误地旋转了物体。研究人员再次发现，图像旋转的角度（以及有效距离）和识别图像所需的时间之间存在密切联系。

谢泼德和梅茨勒关于心理旋转的实验引发了许多有趣的研究项目。1982年，胡安·霍拉德（Juan Hollard）和瓦莱丽·德利厄斯（Valerie Delius）用鸽子做了一个类似的实验。与谢泼德和梅茨勒的人类被试相比，鸽子似乎没有在脑海中旋转图像。鸟类判断图像是否显示相同物体的时间不受物体之间角度差异的影响。

件发生顺序。首先，他们的脑海中会先浮现出一只知更鸟。知更鸟在他们心理图像中的体积很大，可能占据了一半的画面。当他们在同一画面中想象奶牛时，他们会“拉远”知更鸟，或将其缩小，这样就有足够的空间把奶牛放进图像中。

1975 年，美国心理学家斯蒂芬·科斯林（Stephen Kosslyn）让人们想象一只特殊的动物，旁边还站着另一只动物。例如，他让某人想象一只兔子坐在一头大象旁边。然后他问了一个关于兔子的问题，比如，“兔子的鼻子是尖的吗？”科斯林接着让另一个人想象一只兔子，但这次兔子旁边是一只苍蝇。他询问那个人同样的问题。科斯林发现，如果想象兔子站在大象旁边，人们会花更长的时间来回答关于兔子的问题。

每个单词都像一把钥匙。如果一个单词解锁了正确储存的记忆，那么它就是有意义的。

——斯蒂芬·科斯林

当实验中的被试“绘制”心理图像时，他们必须“放大”或“缩小”来调整两只动物的比例。当兔子在苍蝇旁边出现时，它的心理图像比在大象旁边时更大。科斯林表明，回答关于心理图像的问题所需的时间与将细节纳入心理图像所需的“缩放”程度密切相关。

给人们展示同一只兔子的大照片和小照片时，他们往往在观看大照片时能更快地辨别出兔子的鼻子是不是尖的。科斯林表明，这同样适用于心理图像。就像照片一样，我们在头脑中形成的图像大小有限，需要近距离观察才能确定小细节。

把心理图像描述成头脑中的照片是很有诱惑力的。然而，心理图像并不代表我们真实看到的事物，相反，它们代表我们对所看到事物的诠释。1985 年，心理学家德博拉·钱伯斯（Deborah Chambers）和丹尼尔·莱斯贝格（Daniel Reisberg）通过一个优雅而简单的实验证明了这一点。在合上书本之前，快速向朋友展示下图。询问你的朋友这幅图画的是什么，是否还有其他可能。接着，让你的朋友在一张纸上凭记忆还原图像，然后再次提问。

大多数人认为原图不是一只鸭子就是一只兔子。事实上，这张图片是模棱两可的。在实验中，没有人能在心理图像中同时“看到”鸭子和兔子。然而，一旦把它们的心理图像转化为纸上的形象后，几乎所有的人都能看到另一种动物。

心理图像往往会有一个固定的解释，

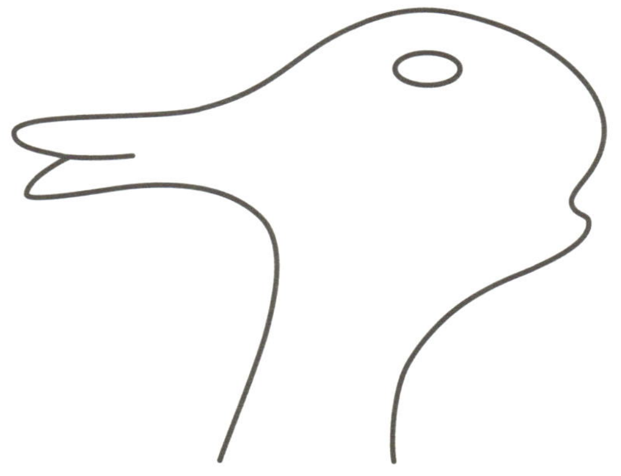

这是一只鸭子还是一只兔子呢？如果被试以前从未见过这幅图，那么鸭子－兔子的实验效果将最好。快将它展示给你的朋友们吧，看看他们是如何回答的。

而外部世界的图片和照片则没有。出现在我们脑海中的图像不能被简单地称为内在照片。这些图片是内在表征，赋予意义是这种表征的重要组成部分。心理图像也是短暂的。莫顿·安·格恩斯巴赫（Morton Ann Gernsbacher）的一个实验很好地佐证了这一点。格恩斯巴赫向一名被试展示了两张相似图片中的一张。10 秒钟后，她展示了两张图片，并询问这两张图片中的哪一张是之前展示过的。

> 看来，感知似乎是凭借过去存储在大脑中的形象来审视现在的。
>
> ——理查德·格雷戈里（Richard Gregory）

10 秒钟后，大多数被试都答对了，但是 10 分钟后，从统计学意义来看，答对的人数与猜中的人数并没有区别（即 50% 的概率）。当被试事先不知道问题时，实验效果最好。

这表明，从长远来看，人类无法像照片一样在脑海中存储图像。他们最初可能会记住图像，但很快就会忘记细节。一些实验表明，心理图像会在大约两秒内丢失照片所呈现的一些信息。

格恩斯巴赫先向被试展示了两张图片中的一张。然后，她给他们同时展示了两张图片，询问他们刚才看到的图片是哪一张。这项研究阐述了心理图像的短暂特征。

实验

乱涂

先观看右边的图片。如果合上书本，你认为你能凭记忆准确地画出来吗？如果有 28 张图片呢？ 1975 年，研究人员戈登·鲍尔（Gordon Bower）和他的同事用类似的图像进行了一项实验。他们向被试展示了 28 张不同的图片，要求他们根据记忆尽可能多地画出原图。

人们发现这项任务十分艰巨。平均来说，他们设法正确地画出了大约一半这些无意义的图片。然而，研究者为第二组被试展示时添加了一系列简短的说明图片。例如，左边图片的说明文字是一位侏儒在电话亭里吹长号。右边图片的说明文字是一只早起的鸟捕捉到了一条强壮的虫子。当为图片配上有意义的说明文字时，被试发现记住和画出图片要容易得多。

鲍尔和他的团队表明，记忆可以被语境线索触发。鲍尔指出他的画是乱涂，因为没有文字说明，它们只是涂鸦；配了文字说明，就成了图画。

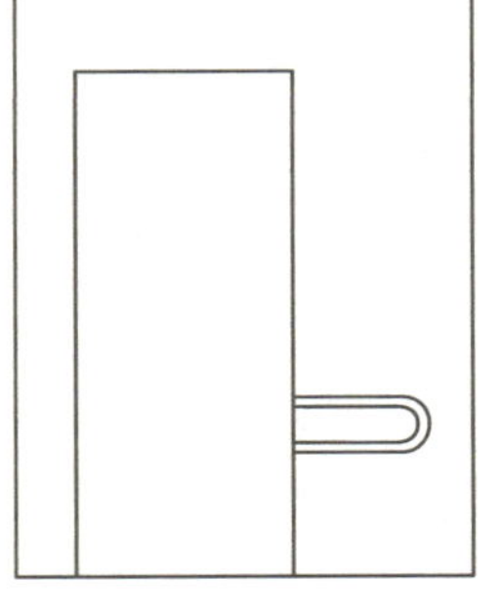

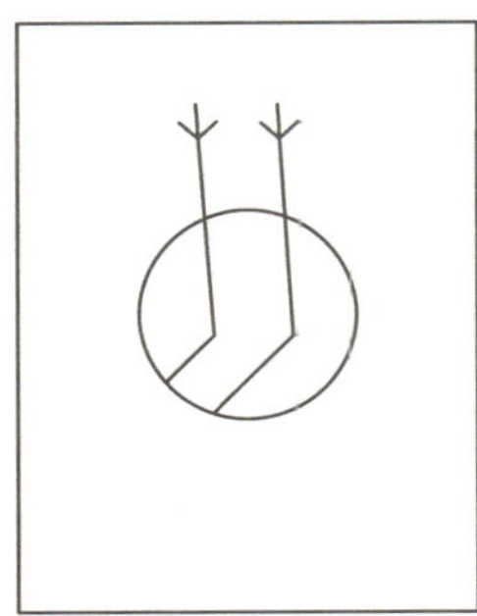

鲍尔和他的团队制作的 28 幅涂鸦中的其中两幅。人们发现这些无意义的图像在与上下文联系在一起时更容易被记住和重绘。

> 如果人们能够理解无意义图片的内容，那么他们会记得更加牢靠。
>
> ——戈登·鲍尔

只要可以选择的选项能代表不同的场景或事件，人们就能比较准确地说出自己以前是否见过某张图片。后来的研究表明，向人们展示 10 000 张图片后，他们可以正确识别出其中的 8 300 张是他们以前看见过的。

意境地图

地图在许多方面都不同于照片，主要区别是它们并不那么自然。地图往往只向使用者展示最少量的有用信息。正如我们已经看到的，心理图像往往会以类似的方式剔除细节。此外，地图还会使用失真的颜色来帮助人们理解。例如，在照片中，宽窄不同的路通常都以灰色显示，但在交通图上它们可能是蓝色和绿色的。

正如我们已经看到的，和照片需要艺术处理相似，心理图像也需要依赖诠释。那么，如果我们的大脑像地图一样呈现照片，它们是否会像地图一样呈现信息呢？人们通常很容易记住如何从 A 点到达 B 点。例如，你可能知道从家到地铁站的路线——你需要下山，在拐角处左转，车站就在右边。你也可能知道从游泳池到你家，要经过一座桥，爬过一个山坡，沿着街道走，然后在拐角处右转。人们每天都在记忆和使用这类信息。

人们不禁会认为大脑会将这些记忆存储为一系列的意境地图（mental map）。然而，地图包含的信息远不止几个方向和地标。假设你暂住在朋友的家，你可以根据他们的指导找到杂货店。假设你在图书馆，你也能够找到朋友的家。然而，如果你在图书馆，你能指出杂货店的方向吗？答案是“可能不会”，除非你有一张地图。

在大多数情况下，只有对一个城市非常熟悉的人，或者事先研究过地图的人，才会将此类信息牢牢记在脑中。

1982 年，佩里·桑代克（Perry Thorndyke）和芭芭拉·海斯·罗斯（Barbara Hayes Roth）证明多数人的意境地图并不可靠。他们采访了在一座又大、格局又复杂的办公楼里工作的多名秘书。他们发现新来的秘书可以准确地说出如何从 A 点到达 B 点，例如，他们可以毫不费力地指出如何从咖啡室去往计算机中心。然而，新来的秘书往往无法指出从计算机中心到咖啡室的直线方向。一般来说，只有在大楼里工作了几年的秘书才能做到这一点。

> 概念本身是一个模糊的概念。
>
> ——路德维希·维特根斯坦

即使有多年使用外部地图经验的人也经常出错，除非在他们眼前放一张地图。如果你住在美国或加拿大，试问自己蒙特利尔是否比西雅图更靠北。如果你住在欧洲，试问自己伦敦是否比柏林更靠北。这两个问题的答案都是否定的，但大多数人的答案是肯定的。加拿大虽在美国的北部，但是加拿大在美国东部的边界比在美国西部向南延伸得更远。英国的大部分领土位于德国的北部，但英格兰南部和德国北部却在同一纬度上。

人物传记

路德维希·维特根斯坦

路德维希·维特根斯坦是20世纪最有影响力的哲学家之一。他出生在奥地利的维也纳，最初接受的是工程师培训。1908年，他搬到了英国的曼彻斯特，在那里，他进行了有偿风筝实验。后来，他遇到了哲学家戈特洛布·弗雷格（Gottlob Frege），弗雷格建议他向英国著名哲学家伯特兰·罗素（Bertrand Russell）学习。1922年，维特根斯坦出版了《逻辑哲学论》（*Tractatus Logico-Philosophicus*），这部著作对许多哲学家和心理学家都产生了深远的影响。维特根斯坦觉得他的书已经回答了所有重要的哲学问题，于是他放弃了哲学，去奥地利当了一名小学教师。1929年，他回到英国剑桥大学任教，教授哲学。除了教学，维特根斯坦还撰写了大量文章。《哲学研究》（*Philosophical Investigations*）是他研究成就的顶峰，根据本人意愿，这本书在他死后出版。

尽管受过工程训练，路德维希·维特根斯坦对数学哲学十分着迷，他在剑桥跟随伯特兰·罗素学习。第一次世界大战期间，他在奥地利军队担任军官，并在意大利战俘营中完成了他的大部分博士论文。这就是后来出版的书籍《逻辑哲学论》的雏形。

《哲学研究》对我们理解心理表征做出了重大贡献。这本书发表之前，心理学家认为所有的概念都可以用一组定义属性来表示。单身汉指代“成年人”“单身”和“男性”。同样，鸟类、椅子和民主也有定义属性。在《哲学研究》中，维特根斯坦对这一观点提出了挑战。他写道：“以我们称为‘游戏’的事项为例，我指的是棋类游戏、纸牌游戏、奥运会等。它们的共同点是什么？切勿这样表述：它们一定有共同之处，否则它们就不会被统称为‘游戏’，但是你可以观察思考它们是否有任何共同之处。当你观察时，你看到的不是所有事物的共同之处，而是相似之处、它们之间的关系，而且是一系列的关系。我想不出比‘家族类似性’（family resemblance）更好的表达方式来描述这些相似性了。”维特根斯坦指出许多概念没有定义属性。即使你能想到一个定义属性，也经常会犯“过度包含”的错误。游戏往往包含竞争的元素（即使是单人游戏），但是生活中各种各样的事情都包含一定程度的竞争，人们通常不会把它们统称为游戏。

维特根斯坦关于概念的思维方式开辟了心理学研究的一个全新领域。一些后继研究者的工作，如埃莉诺·罗施，可以被看作路德维希·维特根斯坦思想发展的继承者。

根据指示，你知道如何从朋友的家去杂货店、如何从图书馆回朋友的家，但你能指出从图书馆到杂货店的方向吗？如果没有地图的帮助，答案是“可能不会”。

人们经常犯这种错误，这表明大脑并没有以一种类似地图的方式标明位置。例如，人们似乎会根据包含城市在内的更广泛区域的位置来推断城市的位置，这往往会导致错误。

大脑中的词典

词典存储有关对象属性的信息。它们还存储关于动作（动词）和抽象概念（如民主）的信息。人们也将这些信息储存在大脑中。大脑会使用和词典相同的方式来表达这些信息吗？心理学家通常会关注猫、鞋子或锤子等物体，他们可能还会查看不明确类别的定义，例如，“精神疾病患者”。

词典条目的作者旨在提供一个包含定义属性或特征的列表。例如，《英语词典》

（*English Dictionary*）将大象定义为“一种庞大的灰色哺乳动物，长着长鼻子，可以用鼻子捡拾东西。”戈特洛布·弗雷格首次提出所有概念都可以用一组定义属性来描述。“定义属性”理论最好搭配例子来解释。想象“单身汉”这个词。这个概念的定义属性是“男性”“单身”和“成年人”。每个属性都是“必需的”，如果缺少任何一个属性，那么“这个人是单身汉”就不成立。这三个属性合在一起就“足够了”。如果你认识一位成年单身男性，你可以肯定他是“单身汉”——不需要更多信息佐证。所有可见物体和所有概念都可以用定义属性来阐述想法，在一段时间成为哲学界和心理学界的主导思维，但这遭到了路德维希·维特根斯坦的强烈反对。

词典对大象的定义可能包括“大”“灰色”“哺乳动物”“长牙”等术语。它们都是必要的定义属性，把它们放在一起，就足以定义这种动物了。

心理学家将具有某些共同特征的一组物体称为“类别”，将组成类别的对象称为“成员”。弗雷格的观点引出了这样一个结论：所有的物体要么被归类为某一类别的成员，要么就不属于该类别。

例如，所有物体只能属于或不属于“家具”类别的成员，一个类别内的成员非有则无，没有重叠。然而，人们在将对象归类时所做的决定似乎并不遵循这一规则。心理学家迈克尔·麦克洛斯基（Michael McClosky）和萨姆·格洛克斯伯格（Sam Glucksberg）询问人们某些物品是否属于“家具”类别。每个人都赞同椅子是家具，而黄瓜不是。然而，当他们看到书立时，一些人认为书立应当被归类为家具，而另一些人则不这样认为。此外，人们给出的定义也前后矛盾。研究人员在许多场合向人们提问有关书立的问题。有些人第一次回答时，认为书立是家具，但第二次却又改变了答案；有些人第二次回答时认为书立是家具，第一次则不是。

如果人们的心理词典包含定义属性的列表，实验结果应该是在两次回答“书立是不是家具”的问题时给出一样的答案。我们本希望关于普通类别的认识是保持不变的。

埃莉诺·罗施的研究进一步揭示了定义属性观点的问题。如果心理词典只是一组定义属性的列表，那么例子就不应该有

实验

一些数字比其他数字更古怪吗

当要求人们想象类别时，人们倾向于想象类别中的典型事物。如果让你想象一项运动，你更可能想到足球而不是举重。这取决于我们对事物分类的速度——对类别中的典型成员分类更快，因此也更容易想到。

所有的类别都是这种情况吗？奇数呢？奇数是指除以 2 时有余数的数字。106 这个数字是偶数，因为当它除以 2 时，得数是一个整数，53。数字 23 是奇数，因为当它除以 2 时，得数 11.5 不是整数。所有的数字不是奇数就是偶数。毫无疑问，答案没有争论。

任何会除以 2 的人都会判断一个数字是奇数还是偶数。奇数似乎是一个由明确规则定义类别的完美例子。这是否等于说并不存在典型的奇数呢？心理学家莎伦·阿姆斯特朗（Sharon Armstrong）和同事们决定就此进行调查。他们给一些人展示了多个奇数，比如，501、3 和 57。然后，他们要求被试评价列表上的每个数字，找出“好”的奇数。人们倾向于认为 3 和 7 是出色的奇数。他们也都认为 501 和 447 不是“好”奇数。对偶数的实验也得出了同样的结果。数字 4、8 和 10 被认为是“好”偶数；而数字 34 和 106 是“坏”偶数。心理学家对该结果意见不一。一种理论认为，人们并不真正使用“任何除以 2 后有余数”的规则来判断一个数是不是奇数。首先，大多数人不假思索就知道 1、3、5、7 和 9 是奇数。他们早在数学课上就背会了这些知识点。因此，当我们考虑奇数时，脑海中就会浮现出 1、3、5、7 和 9。这使我们容易将它们评为“好”或典型的奇数。

当我们看到一个像 501 这样的数字时，我们不会马上知道它是不是奇数，但我们可以很快推导出来。如果最后一个数字是奇数，那么这个数也是奇数。虽然我们可以看出 501 是奇数，但它并不典型，因为遇到它的频率相对较低。

好坏之分，比如，一只鸟。所有的生物要么是鸟，要么不是鸟。罗施要求人们对各种类别成员的典型性程度进行评分。人们普遍认为有典型和非典型成员之分。

例如，人们一致认为知更鸟是典型的鸟类，但企鹅不是。如果人们的心理词典像弗雷格的理论那样，就不应该有典型鸟类这种划分。这个实验结果迫使人们猜测，这个问题应该是没有意义的。当人们猜测时，他们往往不会相互认同，但人们达成一致的事实表明，他们的心理词典中除了一系列的定义属性外，还有更多的东西。

罗施想证明典型性是人们思考类别时的核心所在。她向大学生展示了这样的句子——

- 知更鸟是一种鸟。
- 鸡是一种鸟。

学生必须尽快判断每个句子的对错。当对象是类别中的典型例子时，他们会更快地做出判断。例如，他们认同“知更鸟是一种鸟”比认同“鸡是一种鸟”，花费的时间要少。显然，这两个问题都很容易回答，但是人们明显要花更长的时间回答第二个问题，尽管测量到的时差只有几分之一秒。

知更鸟和企鹅——哪种鸟更具有鸟类的“典型性”？埃莉诺·罗施的研究表明，大多数人都认为知更鸟是一种典型的鸟类，但对于企鹅的看法却不同，尽管企鹅也有羽毛，雌性也会生蛋。从动物学上来说，企鹅和知更鸟一样都属于鸟类。

> 即使不是全部，大多数类别也没有明确的界限。
>
> ——埃莉诺·罗施

罗施认为，当人们被要求思考一个类别时，他们并不会想到一系列定义属性。相反，他们会想到该类别中的典型成员。如果让你想象“鸟”，你可能会想到一些典型的鸟类。比如，一只知更鸟。如果你被问及知更鸟是否属于一种鸟，答案很简单，因为“鸟”这个词会让人联想到知更鸟。如果有人问：“海豚是哺乳动物吗？”回答这个问题需要更长时间，因为哺乳动物这个词更有可能让你想到其他更加典型的哺乳动物。即使类别很容易通过属性来定义，但人们似乎仍然会受到典型性的影响。

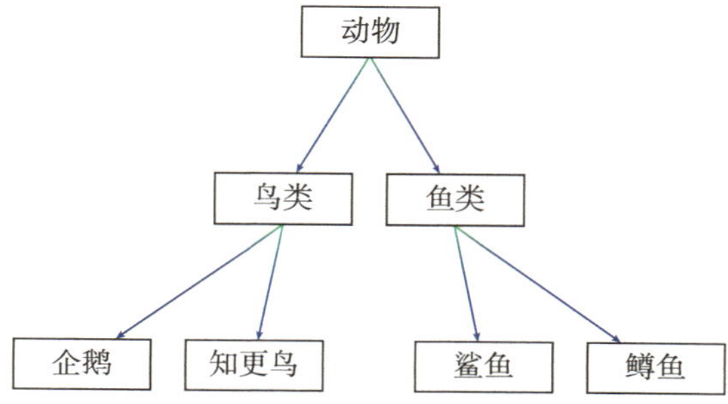

这是等级制度的一个例子。“动物”坐在树的顶端。“鸟类”和“鱼类”属于动物类别，它们可以进一步被细分为更加具体的例子，例如，“鳟鱼”或“知更鸟”。

我们发现，“单身汉”可以由“单身”“成年”和“男性”这三种属性来定义。然而，人们倾向于认为有些单身汉比其他单身汉更加典型。例如，人猿泰山不是典型的单身汉，因为他住在丛林里，根本没有机会结婚。

层次结构

我们在字典中看到，大象被定义为“一种非常庞大的灰色哺乳动物”。在字典的定义中，哺乳动物这样的词语很常见。字典编写者试图将事物定义为一种“层次结构”的组成部分。观看本页上端的图表，你会看到在层次结构的顶部是术语“动物”。鸟类和鱼类都属于动物，所以它们在层次结构中位于“动物”下方，并通过向下的箭头与之相连。企鹅和知更鸟都是鸟类，所以它们与“鸟类”相连。字典编写者之所以使用层次结构，是因为这能使定义更加简洁。如果字典上说“知更鸟是一种鸟类”，读者就知道知更鸟有羽毛和翅膀，而且雌鸟会生蛋。字典不需要在定义中再指明“雌知更鸟会下蛋”，因为“知更鸟是一种鸟类”这句话已经使读者知晓了这个潜在信息。大脑会使用同样的技巧减少它必须存储的信息量吗？

艾伦·柯林斯（Allan Collins）罗斯·奎利安（Ross Quillian）认为答案是肯定的。他们向学生展示了下面的句子。

- 金丝雀会唱歌。
- 金丝雀有羽毛。

学生们很快就认同了“金丝雀会唱歌”。他们花了更长的时间才认同“金丝雀有羽毛”。如果大脑和字典的编排方式一样，那么这正是你所期待的结果。假如你对鸟类一无所知，则需要查看字典核实

并非所有种类的鸟都能发出悦耳的声音，但金丝雀可以。字典在定义中需要加上“金丝雀会唱歌”这一描述。然而，“金丝雀有羽毛”和“雌金丝雀会生蛋”就有些多余了，因为字典定义中已明确“金丝雀是鸟类”。

“金丝雀是否会唱歌”，当查到“金丝雀”这一词条时，字典会告诉你“金丝雀会唱歌”。这是因为不是所有的鸟类都会唱歌，所以唱歌是定义的一部分。但是，字典里并没有提到羽毛。

字典告诉你金丝雀是一种鸟类。当你查到“金丝雀”这一词条时，字典告诉你“金丝雀会唱歌”。你已经有了答案，但需要验明两个不同的问题，这花费了相当长的时间。

柯林斯和奎利安认为，人类大脑会将信息组织成类似字典的层级结构。许多心理学家都喜欢这个想法，这一想法一度很流行。然而，很快就证明柯林斯和奎利安的想法是错误的。另几位心理学家——爱德华·史密斯（Edward Smith）、爱德华·肖本（Edward Shoben）和兰斯·里普斯（Lance Rips）为学生展示了一系列稍微不同的句子。研究人员使用的两个句子如下。

- 鸡是一种鸟类。
- 鸡是一种动物。

如果大脑像一本字典，那么核实第二句话应该会比核实第一句话花费更长的时间。要确定鸡是不是鸟类，只需要查看“鸡”的定义。为了证明“鸡是一种动物”，还需要查找“鸟类”的定义。研究人员表

案例研究

不同文化中的颜色

一共有多少种不同的颜色？一种答案是“大约有七百万种”。这是我们的眼睛可以察觉到的不同颜色的总数。计算机屏幕可以显示至少 1600 万种不同的颜色。不妨将这些巨大的数字与你掌握的词汇量做个比较。很少有人能认识 80 000 个以上的母语词汇。我们大多数人能分辨的颜色比我们的语言中描述颜色的词多 100 倍。也就是说，在你的语言中，每一个代表颜色的词都不仅代表其明确所指的颜色，更要代表类似的 100 种细分颜色。

一共有多少种表示颜色的词呢？在一些语言中，比如英语，有很多代表颜色的单词。然而，有许多我们并不经常使用。品红色（一种深紫红色）就是一个例子。还有一些只适用于描述特定的对象。例如，“blond”在实际中只用来描述头发（和某些啤酒）的颜色。1969 年，心理学家布伦特·柏林（Brent Berlin）和保罗·凯（Paul Kay）在一篇论文中提出，只有 11 种基本颜色术语。它们是：黑色、白色、红色、绿色、黄色、蓝色、棕色、紫色、粉色、橙色和灰色。

这 11 个基本颜色术语出现在大多数语言中，在所有语言中的意思基本相同。柏林和凯访问了许多不同的国家，并使用了许多种不同的语言。他们向这些国家的人展示了 300 多个彩色小方块。然后他们要求他们挑出最好看的红色，最好看的绿色。他们使用 20 种不同的语言询问了所有 11 个基本颜色术语。来自世界各地的人一致认同，这 11 种颜色很好地代表了基本颜色。

但是并不是所有的语言都有描述颜色的词。新几内亚伊里安查亚的达尼人的语言中只有两个与颜色有关的词汇。他们用一个词来形容黑暗的事物，用另一个词来形容光明的事物。埃莉诺·罗施使用柏林和凯的彩色小方块教授达尼人一些基本颜色的名称。对于世界各地的人一致认同最能代表基本颜色的词，丹尼人觉得也很容易掌握。

柏林和凯认为，基本颜色术语似乎代表了所有人共通的东西。大脑倾向于选择特定波长的光作为颜色的典型例子。世界各地的人，不分种族或文化，都具有这一倾向。

达尼人生活在新几内亚伊里安查亚高地，他们在那里种植红薯，养猪。达尼语十分特别，因为它不包含任何颜色术语——只用“亮”和“暗”表示。

明，事实正好相反。相比于认同“鸡是一种动物”，人们花了更长的时间才认同“鸡是一种鸟类”。为什么会发生这种情况？

人物传记

大卫·鲁梅尔哈特

大卫·鲁梅尔哈特（David Rumelhart）在心理学研究的诸多领域仍是一个非常有影响力的人物。20 世纪 70 年代，他致力于解读故事，并于 1975 年出版了一本关于讲故事“语法”的重要著作。他还在 1975 年与唐·诺曼（Don Norman）合著了《认知探索》（*Explorations in Cognition*）一书。这部作品对后来认知心理学的多项发展产生了重大影响。

1981 年，鲁梅尔哈特和詹姆士·麦克莱兰（James McClelland）共同研究了关于我们如何阅读文字的理论。1985 年，他们发表了关于大脑如何学习和储存类别信息的文章。这两部作品都是认知心理学的现代经典之作，其影响力至今仍然存在。

1986 年，鲁梅尔哈特和麦克莱兰与其他十几位科学家共同编撰了一部两卷本的巨著，名为《平行分布加工：认知的微观结构的探索》（*Parallel Distributed Processing*：*Explorations in the Microstructure of Cognition*）。这本书为主流心理学开辟了全新的方向。这个新领域被称为联结主义。20 世纪 80 和 90 年代，联结主义席卷了认知心理学界。许多评论家都认为这是心理学史上最重要的发展里程碑。

鲁梅尔哈特不仅是将联结主义引入主流心理学的团队成员之一，而且还是声名大噪的文章《通过误差传播学习内在表示》（*Learning Internal Representations by Error Propagation*）的作者之一。这篇论文包含了一个数学方程式，被称为反向传播算法，没有它，今天的许多连接主义理论就不会存在。

1998 年，大卫·鲁梅尔哈特患上了一种叫作皮克氏病（Pick’s disease）的渐进性神经退行性疾病。2000 年，一位名叫罗伯特·格卢什科（Robert Glushko）的互联网千万富翁为他设立了一个奖项。格卢什科曾是鲁梅尔哈特的一名研究生。尽管他没有从事研究，但他从未忘记大卫·鲁梅尔哈特。大卫·鲁梅尔哈特奖是一项 10 万美元的现金奖励，每年颁发给对认知研究做出最重要贡献的团队或个人。

> 记忆组织的本质是归类。
>
> ——比尔·埃斯蒂斯（Bill Estes）

还记得埃莉诺·罗施是如何证明某些类别的成员比其他的成员更有典型性吗？根据她的研究，知更鸟是典型的鸟类，但鸡不是。当被问及鸟类时，人们通常不会想到鸡。结果，检验“一只鸡就是一只鸟”这个句子需要更长的时间。

现在再看第二句，“鸡是一种动物”。当被问及想象中的动物时，鸡有时会跃入人的脑海。因此，检验并认同“鸡是一种动物”这句话花费的时间更少。同样的论点也适用于柯林斯和奎利安的最初实验结果。当你想到金丝雀时，可能会首先想到它会唱歌。有羽毛也是金丝雀的一种特点，但这可能不会被首先想到。人们会更快地认同“金丝雀会唱歌”，而不是确认它有无羽毛，因为对于金丝雀而言，唱歌比有羽毛更加“典型”。

心理词典

我们不确定大脑如何储存信息。一种流行的观点是大脑的词典是非常混乱的。我们的心理词典并不包含一长串整齐的定义列表。相反，我们的知识储存于小块信息组合中，它们互相之间存在大量的关联。心理学家将这些组块称为特征。狗的一些特征可能包括“毛茸茸”“有四条腿”和“有一条摇动的尾巴”。当我们年幼时，我们就了解狗的这些特点。我们的大脑通过“摇尾巴”这样的特征和“狗”这样的标签之间形成联系来储存这些信息。

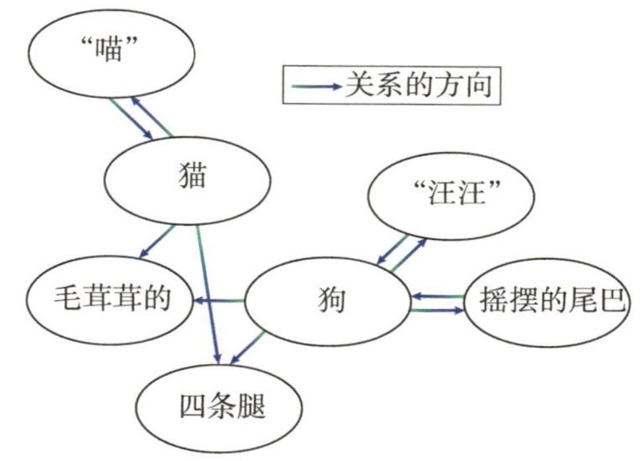

一个特征关联网络（上图）。“狗”和“猫”与它们共同的特征联系在一起，比如，都有“四条腿”，也与各自的独特特征联系在一起，比如，“喵喵”的猫叫声。

上图显示了我们的心理词典的部分内容。这种联系被心理学家称为特征联想网络（feature-associative network）。

你如何“阅读”这种心理词典呢？最简单的解释是把图中的圆圈想象成灯。如果想知道一只狗是不是毛茸茸的，就点亮“狗灯”。从“狗”到“毛茸茸的”是有关联的，所以“毛茸茸的”也被点亮了。你由此得到了答案——狗是毛茸茸的。

关于我们的心理词典的另一个流行观点是它含有许多例子。根据这一理论，你的心理字典中“狗”的词条只是你见过的狗的集合。它可能包括你的宠物狗、你邻居的狗，以及你曾经在工厂见过的看门狗。

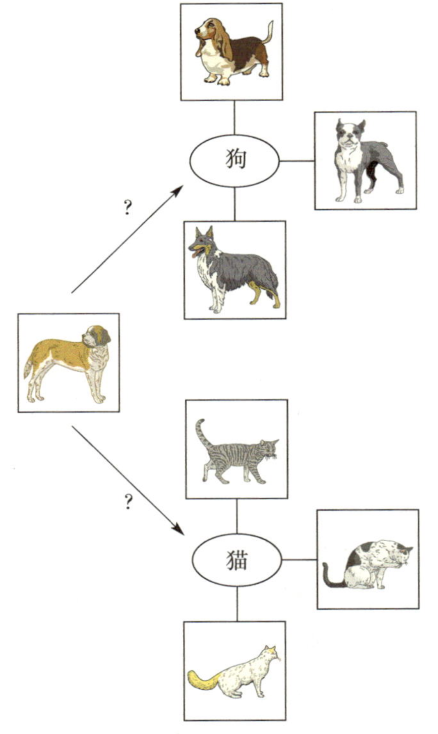

特征联想网络理论的另一种观点认为，心理词典包含一系列示例（上图）。根据这种想法，为了识别某个对象，人类大脑必须前后参照所有存储的示例。

你的心理词典中“猫”的词条也是如此。它可能包含你祖母的猫、某位朋友的猫和你在电视广告上见过的猫。

想象你走在街上，看到一只四条腿的动物走来。这是一只猫还是一只狗？你会快速将面前的动物与你的心理词典里的猫狗进行比较。如果它更像猫而不是狗，你最终会认为它是一只猫。这种想法的问题是，每次看到一些物体时，你都必须前后参照大量的例子。你不能只参照猫的例子，因为你还不能确定它是一只猫。你需要参照所有的类别，将看到的物体与狗、汽车、黄瓜、冰箱等进行比较。然而，我们可以在几分之一秒内确认一个物体是不是一只猫。如果大脑必须一次做出如此多的比较，那么做出判定就需要更长时间。

我们知道大脑非常擅长多任务处理。如果连续做出这样的比较，那么我们的心理词典的确可能只是一些例子的集合。这一领域的研究目前集中在甄别这些想法中哪一个是正确的。

编写心理词典

词典不会凭空出现，必须有人编写。我们的心理词典也是如此。人们并不是生来就对周遭的事物形成了一套完整的信息，所以我们必须不断学习。我们已经明白了心理词典中的信息是如何被组织的，但是这些信息最初是如何形成的呢？

研究这个问题的一种方法是教授成年人新的分类方法。为了确保这些分类方法对所有人来说前所未见，心理学家经常杜撰虚构的分类。虚构的类别让我们可以回答那些在真实类别中难以回答的问题。唐纳德·霍玛（Donald Homa）、莎伦·斯特林（Sharon Sterling）和劳伦斯·特雷佩尔（Lawrence Trepel）在1981年做的一项实验提供了很好的范例。研究人员设计了几种类别的涂鸦。制作每个涂鸦类别都包括两个步骤。第一步，他们设计了一个原型涂鸦。原型是一个类别中最典型的成员。

第二步，他们稍微移动涂鸦上的点，设计出了该类别中的其他成员。它们也属于原型涂鸦的类别，但是没有原型典型。心理学家以这种方式设计了三种不同的涂鸦类别。霍玛和他的同事拿走了他们设计的一部分涂鸦，把它们放在一边。他们将剩余的涂鸦展示给参加这项实验的大学生，并告诉他们每个涂鸦属于哪一类别。这些涂鸦被称为“旧”涂鸦。

> 归类就是将我们周围的物体、事件和人分类。
>
> ——杰罗姆·S. 布鲁纳（Jerome S. Bruner）

学生们记下后，心理学家拿出他们刚刚放在一边的涂鸦，让学生们判定这些“新”涂鸦属于哪一类。大学生在归类方面做得不错，但不如他们归类“旧”涂鸦时做得好。

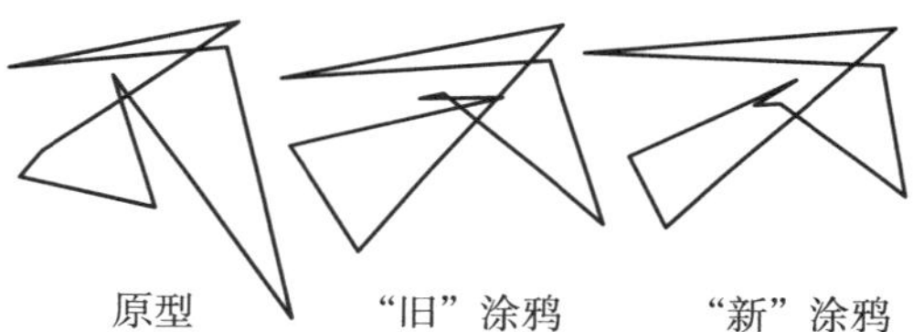

霍玛和他的同事设计了不同种类的涂鸦，每一种都基于不同的原型。被试学会了将“旧”涂鸦与正确的原型类别联系起来。随后，研究者们向被试展示以前从未见过的“新”涂鸦。被试在归类“新”涂鸦时做得不错，但不如他们归类“旧”涂鸦时做得好。这是因为“旧”涂鸦已经被纳入被试的心理词典，而新的还没有。

学生们发现“旧”涂鸦更容易鉴别，因为他们的心理词典中已经储存了这些信息。他们以前没有见过这些“新”涂鸦，所以还没有将这些“新”涂鸦收入他们的心理词典中。许多心理学家认为这样的结果很好地证明了心理词典是具体例子的集合。另外，一些心理学家认为这些实验结果可以用特征联想网络来解释。真正的答案仍然未知，但是对该领域的研究正处在持续快速的发展中。

脚本和主题

一本词典会告诉你什么是鸡蛋和面粉，但它不会告诉你如何烘焙蛋糕。为了找到答案，你需要阅读烹饪书。烹饪书只是人们所依赖的各类指导手册中的一种。家居保养书籍和汽车维修手册是另外两个常见的例子。说明书会逐步指导我们，要完成一项任务，我们必须怎么做。当我们熟悉一项任务时，我们不需要使用说明书——我们可以依靠记忆去做。例如，很少有人需要指导手册来教他们每天早上如何穿衣服。

大脑储存日常事件信息的方式和说明书一样吗？罗杰·尚克和罗伯特·埃布尔森建议人们在去餐馆等场合时使用心理脚本。脚本是在特定情境下发生的典型事件的列表。例如，前往餐馆的脚本可能是：进入餐厅、走到餐桌前、坐下、拿起菜单、浏览菜单、选餐、下单、边聊天边等上菜、服务员上菜、边吃边聊天、收到小票、照单支付、离开。显然，并不是去所有餐馆就餐都是这样的顺序。例如，有一些餐馆要求吃饭前先付账。脚本并没有明确告诉你将会发生什么，但它确实能告诉你大多数情况下会发生什么。

脚本还能帮助我们更有效地与其他人交流。如果你问某人昨晚做了什么，回答是“我去了一家餐馆”，那么你的餐馆脚本会让你对这个人所经历的一系列事件有一个大致的推断。尚克和埃布尔森认为脚本是为特定事件准备的，例如，如果你去看了医生，那么你可能会形成一个“去看医生”的脚本，并通过它大致可以推断出可能发生的事情。如果你从未看过牙医，那么你就不会形成“去看牙医”的脚本，也不知道会发生什么。“去看医生”的脚本并没有帮助，因为你不是去看普通的医生。

尚克和埃布尔森建议人们在处理日常事务时使用心理脚本，比如，去餐馆吃饭。脚本可使人们对预期体验形成比较精确的推测。

然而，我们对事件的期望似乎比这更宽泛一些。当我们拜访任何一位医疗保健专业人士时，我们都会经历许多步骤。其中包括预约、描述症状和接受治疗。在某些情况下，还包括开发票。如果我们曾看过医生，即使是第一次去看牙医，在前往诊所的路上也能预测到一些事情。人们似乎对一些事件形成了很多共同的认识，比如，去餐馆。

心理学家戈登·鲍尔、约翰·布莱克（John Black）和特伦斯·特纳（Terrance Turner）让人们列出去餐馆吃饭时通常会发生的二十件事项，几乎四分之三的人都会列出五个关键事项，即浏览菜单、点餐、吃饭、付账、离开。几乎一半被问到的人都列出了七件更加具体的事项。即点饮料、讨论菜单、交谈、吃沙拉或喝汤、点甜点、吃甜点和留下小费。

人们对特定事件的记忆受其心理脚本的影响。鲍尔的团队为人们提供了一些故事。它们基于像“去餐馆”这样的脚本编写，但是心理学家打乱了一些事件的顺序。例如，一个故事的内容主要是某些人前往餐馆、支付账单，然后坐下来点餐。接下来，他们开始吃食物，再看菜单。最后，他们离开了。

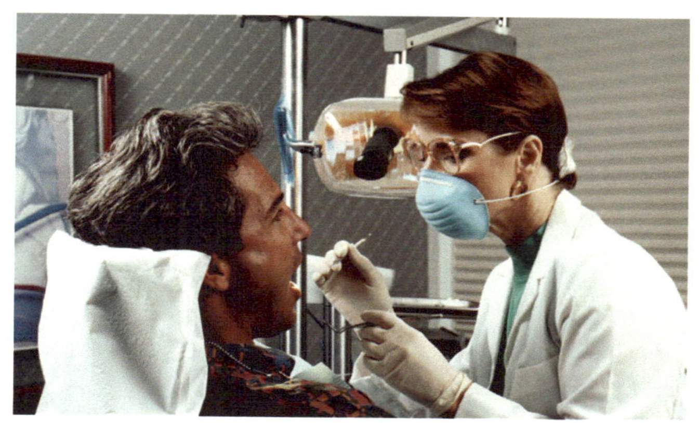

第一次去看牙医的人并不能从去看医生的一般脚本中获得足够的信息。拜访的具体细节因牙医这种特殊医生而异。然而，拜访医疗保健专业人员涉及许多通常对所有人都通用的步骤，比如，预约和描述症状。这些步骤可以被整合到一个通用的“医疗保健”脚本中，帮助患者预测此类就诊事件的一般流程。

实验

记忆故事

人有倾听故事、记住故事，然后再讲述给他人的能力。很久以前，这是我们体验故事的唯一方式。故事经人口述，代代相传。如今，我们更依赖书本，而不是记忆。然而，我们大多数人都知道一些故事。它们可能是我们小时候读过的故事，也可能是好莱坞大片中的桥段。虽然不一定每个人的内心都有一部小说，但我们大多数人至少会讲一个故事。

记住一个故事就像在我们的脑海里写一本书吗？如果是的话，这个故事是否有意义就不重要了；我们仍然可以把它写在我们的心理故事书上，并时时回顾。

这幅图为旁边这则奇怪的小故事增加了语境。当结合这幅图去阅读时，人们可以记住更多的故事细节。

为一个朋友读下面的故事，然后让你的朋友在不回顾故事的情况下复述故事。

“气球爆炸后，声音传不了多远，因为爆炸离那个楼层太远。关闭的窗户也会阻止声音的传播，因为大多数建筑都有很好的隔音效果。由于整个操作依赖于稳定的电流，电线中间断裂也会引起问题。当然，这个人可以大声喊叫，但是人类的声音不够大，传不了那么远。另一个问题是乐器上的弦也会断裂。这条消息没有附带的内容。很明显，最好的解决方案是缩短距离。这样潜在的隐患就会减少。通过面对面的交流，出错的概率会降至最低。”

要想全凭记忆来记住这个故事是相当困难的。研究人员约翰·布朗斯福德（John Bransford）和玛西娅·约翰逊（Marcia Johnson）发现，人们通常只能记住这个故事中的三到四件事。这个故事没有什么意义，所以很难记住。现在给你的朋友展示旁边的插图，试着再读一遍这个故事。这一次，故事应该变得更有意义了。布兰斯福德和约翰逊发现，首先看到插图的人，能记住这个故事中的八件不同的事。而单纯读故事的人只能记住四件。这表明我们对故事的记忆力在很大程度上取决于我们对故事的理解能力。

当心理学家要求人们记下这些故事并复述时，他们通常按事件发生的先后顺序复述餐馆中的事情，而不是按照故事呈现的事件顺序复述。所以这个故事通常会被这样复述，某人前往餐馆、坐下来、浏览菜单、点餐、付账，然后离开。心理脚本帮助我们预测在某些情况下会发生什么事情，它们也可能会在我们回忆与还原真实事情时添枝加叶。

> 我们只看主旨，很快就遗忘了细节。
>
> ——特雷弗·哈利（Trevor Harley）

瓦莱丽·霍尔斯特（Valerie Holst）和凯西·佩兹德克（Kathy Pezdek）表明目击犯罪的人会经历同样的问题。结果显示，当人们试图回忆起他们目睹的犯罪现场情况时，他们有时会参考心理脚本中通常会发生的情况。

在另一项实验中，戈登·鲍尔和他的同事要求人们读几则不同的故事。后来，他们给同样一群人讲述了几则不同的故事。其中一些故事和以前的故事完全一样，其他是新故事。研究人员要求被试判别哪些故事是新的。被试通常很擅长于此，但是在某些新故事上出现了问题。

我们可以完全相信证词吗？霍尔斯特和佩兹德克的实验表明，脚本可以影响某些事件的记忆。他们向被试描述了一场虚构的抢劫。一周后，他们询问被试对该事件的看法。被试的讲述通常围绕一个通用的“抢劫”脚本，而不是详细复述他们被告知的事实。这一发现具有广泛的法律含义，为如何辨认证人的记忆错误和回忆提供了心理框架。

如果一个新故事描述了一个与旧故事相似的事件，被试有时会认为他们以前读过这则故事。他们对剧本相同的故事感到困惑，也对剧本虽然不同但有相关性的故事感到困惑。例如，最初的故事中有一则是关于去看牙医的。稍后，被试阅读到一则关于去看医生的新故事。被试通常认为他们以前读过这则故事。其实并没有，他们只是读过一则主题类似的故事。这表明人们根据一般的主题来记忆故事。与脚本相比，这些组织性主题与特定情况的联系较少，还可能非常普遍化。例如，大多数人会说20世纪的《西区故事》与威廉·莎士比亚的《罗密欧与朱丽叶》很相似，其实它们发生在不同的国家和不同的时代。

电影《罗密欧与朱丽叶》（1936年）剧照，莱斯利·霍华德（Leslie Howard）和莫伊拉·希勒（Moira Shearer）以及电影《西区故事》（1961年）剧照，主演纳塔莉·伍德（Natalie Wood）和理查德·贝依玛（Richard Beymer）。虽然故事发生在不同的时代和地点，但它们有许多相同的主题。

《西区故事》是一部音乐剧，而成书于1595年左右的《罗密欧与朱丽叶》是一部戏剧。（事实上，《西区故事》是根据《罗密欧与朱丽叶》改编的。）

罗杰·尚克认为，这两个故事有一个共同的主题，即“追求共同目标，对抗外界阻挠”。罗密欧和朱丽叶彼此相爱，希望终成眷属，永结连理是他们追求的共同目标。在各自父母的反对下，罗密欧和朱丽叶果敢无畏地抗击外界的阻挠。《西区故事》的主题与此几乎如出一辙。

人物传记

弗雷德里克·巴特利特

弗雷德里克·巴特利特爵士（Frederick Bartlett）是现代心理学的创始人之一。1914 年，巴特利特以助手身份加入英国剑桥大学的实验心理学实验室，那时该实验室已经开放了大约一年时间。1931 年，巴特利特已经是教授和实验室主任了。

第二次世界大战结束时，英国大多数大学的心理学系都由巴特利特以前的学生主导。巴特利特致力于让心理学成为一门被认可的科学。他的成功对 20 世纪的心理学产生了深远的影响。

科学历史学家认为，没有一位在世的心理学家能像巴特利特那样对心理学产生如此大的影响。在 20 世纪早期，心理学还是一门新兴学科。巴特利特在过渡时期的研究是最富有成效的；心理学从一个概念相对模糊的学科发展为一个重要的科学领域。

弗雷德里克·巴特利特最著名的观点可能是他关于图式（schemata）的理念。图式是储存在大脑中的一般信息，它帮助我们理解周围的世界。例如，餐馆脚本就是一个图式。巴特利特认为不同文化背景的人可以有不同的故事图式。故事图式是关于我们期望在故事中发现的一般事件的类别，以及我们期望它们发生的顺序的信息。

也许是在他最著名的实验中，巴特利特把一个叫作“幽灵之战”的美国土著民间故事翻译成了英语。然后，他要求他的几位学生记住这则故事。如摘录所示，美国土著民间故事与 20 世纪 30 年代剑桥学生所熟知的故事迥然不同：

“他讲述了一切，然后缄默不语。当太阳升起时，他倒下了。有种黑色的东西从他嘴里淌出来。他的脸变得扭曲……他死了。”

巴特利特翻译了一个美国土著民间故事，并要求学生们学习和背诵。学生们修改了故事的细节，比原始版本更接近他们自己的文化背景。

当学生们后来不得不复述这个故事时，他们的复述听起来更像英语故事。巴特利特认为，记忆并不像把事情写在书上，然后再读出来那样。他认为记忆是一个重建的过程，我们对事物在通常情况下的预期会影响我们对所发生事情的记忆。1932年，他出版了书籍《记忆：一个实验的与社会的心理学研究》（*Remembering：A Study of Experimental and Social Psychology*），在书中他详述了他的记忆理论。

巴特利特关于图式的观点在当时的美国并未引起广泛关注，但后来被许多教科书广为引用。1952年，他不再从事教学工作，但他继续研究理论和写作，并于1958年发表了另一部重要著作《思考》（*Thinking*）。

塞弗特和她的团队开展了一项实验，表明人们将他们所阅读的内容按主题归类。人们使用主题对进入大脑的信息分类。

心理学家科琳·塞弗特（Colleen Seifert）和他的同事向人们展示了一系列故事，这些故事在许多细节上有所不同，但都有一个相同的主题。被试读完这些故事后，研究人员要求他们写出类似的故事。大多数被试写的故事都包含不同的细节，但都有相同的主题。塞弗特的团队还分给被试一组故事，让他们整理归类。被试被允许以自己喜欢的任何方式来整理，但是大多数人仍会按共同的主题给故事分类。

> 为了观察，一个人必须学会如何做比较。
>
> ——贝托尔特·布雷赫特（Bertolt Brecht）

信息和大脑

在 20 世纪的大部分时间里，心理学家都依靠隐喻来解释大脑如何储存信息。在文学作品中，隐喻是指将人和事物与无关事物做类比的修辞方法。“城市是一片丛林”这句话就使用了隐喻。当然，城市实际上不是丛林。心理学家用人们构建出来的物体来比喻构建思维——我们的思维就像一本相册、一本词典和一部戏剧的脚本。

可是，思维终究只是思维，不是相册，不是词典，也不是戏剧的脚本。

很多心理学家已经开始认识到，研究思维时必须将思维视作思维本身，而不是任何其他的事物。一些人口中的“联结主义革新”（connectionist revolution）正是心理研究领域沿着这一方向获得的一大进展。

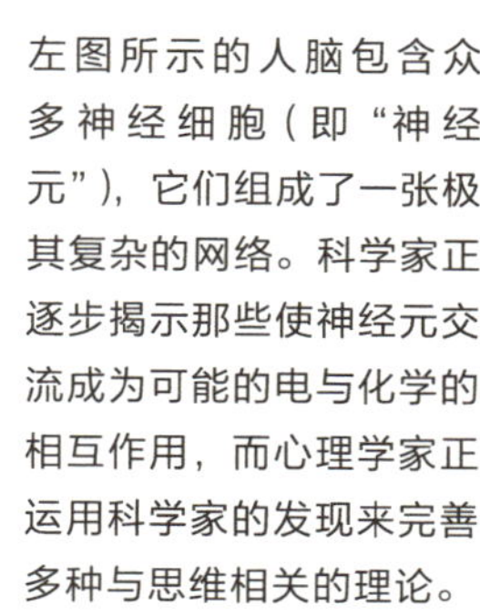

左图所示的人脑包含众多神经细胞（即“神经元”），它们组成了一张极其复杂的网络。科学家正逐步揭示那些使神经元交流成为可能的电与化学的相互作用，而心理学家正运用科学家的发现来完善多种与思维相关的理论。

焦点

认知科学

整个20世纪，心理学家都在开展实验，探究思维表达信息的方式。哲学家、神经学家和程序员也在探究同样的问题。一些心理学家试着远离哲学，但路德维希·维特根斯坦等哲学家表明，哲学在探究对思维的理解上发挥着重要作用。

20世纪，人们对人脑的理解取得了巨大进展。有关人脑的构成以及各个构成之间的关联，人们的了解已经大大增加，而神经学家也在不断探究，每年都能产生重要的发现。对人脑的掌握越多，对思维的理解也越完善。20世纪下半叶，计算机从一个房间都装不下的庞然大物，变成了一张桌子、一个口袋就能容纳的强大工具。随着计算机的日益强大，人们发现越来越多的任务都能依靠计算机完成。然而，心理学家和程序员不久便意识到，一只老鼠或一个两岁孩子的能力都可以超越最强大的计算机。人们若能更好了解自己或其他动物的行为方式，便可构造出真正非凡的计算机，届时，当下的一切计算机都将相形见绌。随着联结主义的出现，有关思维的理论更多开始涉及数学方程式，而非单纯的言语，而更多的数学家和物理学家开始与心理学家一同参与研究。心理学家、哲学家、神经学家、计算机科学家和数学家都在探究同一种问题，这一点在过去20年变得非常明显。但是，由于这些学者均来自不同的领域，所以学者之间鲜有交流。为解决这一问题，各大学开始建立一门新的学科，叫认知科学。认知科学系的学者来自多种背景、拥有多种技能，每个学者都有志于回答本章所涉及的问题，因而相聚一堂。如今，放眼全球，认知科学作为一门学位课程，正受到许多大学生的青睐。

尽管科技迅猛发展，但婴幼儿心智的敏捷度以及能够凭此做出的行为仍远超最强大的计算机。

联结主义算不上是专门研究心理学的理论。联结主义者认为，涉及思维的理论应当涉及人脑真正的工作方式。人脑当中并不存在词典、地图、图片或产品指南。人脑包含的是神经细胞，即神经元。神经元之间实现交流的途径是电信号，即神经冲动。对于神经元之间如何实现互动，人们已经发现了很多事实。例如，人们已经发现，神经元的工作速度与现代计算机相比是极其缓慢的。但对于神经元如何存储信息，人们却知之甚少。

人们还发现，神经元以大规模并行的方式运作。当一个人看着一幅图时，人脑中的一些神经元会探测图片上的水平线条，另一些会探测垂直线条，还有一些则会探测对角线条。这些神经元会同时运作，还会同步执行许多其他任务。联结主义理论吸收了人脑的生物特性。

对于神经元之间如何相互交流与学习，该理论往往会用数学原理来加以描述，其中有些原理会在人脑和计算机的工作之间建立关联。

本章所讨论的心理学研究中，有很多是与联结主义理论相关联的。

第五章　信息存储

生活，就是记忆。

记忆是关键的心理过程。没有记忆，人们便无法学习，无法有效运作，生活中的一切瞬间也根本得不到保留。几个世纪以来，人们针对记忆的工作方式提出了许多理论，近期也出现了一大批围绕人类记忆展开的研究。人们已经发现，记忆不只是被动地接受信息的过程，更是主动地推理信息、重构事件的过程。

古代哲学家把记忆比作笼中之鸟。从已存储的记忆中提取正确的记忆并不容易，就像在这个鸟笼中抓住某只指定的鹦鹉一样困难。

记忆

有了记忆，人们便能回想起几小时、几天、几个月甚至多年之前发生的重大事件，如生日、假期等。达特茅斯学院的著名认知神经学家迈克尔·加扎尼加（Michael Gazzaniga）说："除了当下的一些零零碎碎外，生活中的一切都是记忆。"没有记忆，人们便谈不了话、认不出朋友的脸、记不住日程安排、理解不了新的想法、学不了知识、做不了工作，甚至连走路都学不会。小说家简·奥斯汀（Jane Austin）对记忆品质的概括恰如其分："在人类的一切智能中，记忆的力量、不可靠性和不平等性是最不可言说的。"

古希腊哲学家柏拉图（Plɛto）是最早发展记忆理论的思想家之一。他认为，记忆就像一块蜡版，记忆编码的过程就是在蜡版上刻写的过程，蜡版上刻写的东西会被保存起来，供以后回忆、获取。

其他古代哲学家把记忆比作笼子里的鸟或图书馆里的书。他们指出，从已存储

要点

- 记忆分为两类：短时记忆和长时记忆。
- 记忆的过程分为编码、存储和提取。
- 短时记忆（工作记忆）由三部分组成：语音信息（speech-based information）、图像信息（image）和注意（attention），“注意”也称“策略”（strategy）。
- 根据加工水平理论（the levels of processing theory），信息加工的层次分为深层次和浅层次。
- 长时记忆分为外显记忆（explicit memory，能有意识地回忆起来的记忆）和内隐记忆（implicit memory，如对技能的记忆）。
- 海马（hippocampus）是人脑中负责记忆处理的部分，记忆会被转存入大脑皮层。
- 长时记忆会随着年龄增长而退化。

的记忆中提取信息并不容易，就像抓住正确的鸟或寻找正确的书一样。乌尔里克·奈塞尔（Ulric Neisser）、史蒂夫·切奇（Steve Ceci）、伊丽莎白·洛夫特斯（Elizabeth Loftus）以及伊拉·海曼（Ira Hyman）等当代理论家都认识到，记忆不是被动存储信息的过程，而是选择和解释的过程，且包含许多子过程，包括知觉。这些心理学家均已完成实验，证明记忆是对记忆编码期间出现的事先信念、预期或信息（包括具误导性的信息）进行整合的重构过程。例如，切奇曾在一次实验中，多次向未曾去过急诊室的被试儿童提问，所问及的既可能是儿童已经经历过的事情，也可能是儿童没有经历过的事情。起初，儿童正确地回答说自己从没有去过急诊室，可在三轮实验过后，儿童却开始说自己去过急诊室，还说出了详细的故事。例如，有一位儿童讲述自己的手被夹在了捕鼠器里，随后被紧急送院治疗。因此，这个实验也被称为“捕鼠器实验”（the mousetrap experiment）。被试儿童并没有被给予错误信息，但是被反复提问，这使得儿童运用想象力编造故事。

> 五种感觉、不可具象的抽象智能、杂乱无章的选择性记忆，以及多如牛毛的成见与假设——多到我只能研究寥寥几个，多到我无法弄清它们中的每一个。如此组成的一套机能，又能处理多少真正的现实呢？
>
> ——C. S. 路易斯（C. S. Lewis）

著名作家、哲学家C. S. 路易斯的那番话（见本页方框中的引言）说明，人的记忆远非完美，因为人们不可能记住其所经历的一切。为了在世界上有效生存，人们必须记住一些东西，但另一些东西是人们不必记住的。那些被人们所记住的东西似乎与其功能的重要性相关。在人类的进化史中，人类可能会通过对威胁（如捕食者的样貌）或奖励（如食物来源）的记忆来得以存活。人的记忆就像筛子或过滤装置，确保我们不会记住一切的一切。人还可以使用一个事物去选择、解释、整合另一事物，从而使所学和所记得以利用。这些特质使得很多当代研究者将记忆视为主动而非被动的过程。

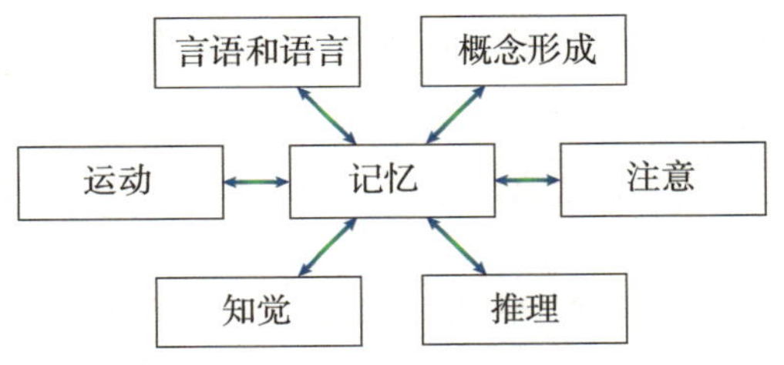

记忆所涉及的不同种类的活动。

记忆的逻辑

任何有效的记忆系统——不论是合成器、混音器、录像机、计算机硬盘，甚至是一个小小的文件柜——都必须将这三件事做好。

有效的记忆系统必须能够：

- 对信息进行编码（即接受信息）；
- 忠实地存储或保留信息，并能将长时记忆保留一段相当长的时间；
- 提取（能够访问）存储的信息。

此处仍然以文件柜为例。人们将一份文件放入某个文件夹，这份文件便会留在文件夹中。当需要这份文件时，人们便要回到文件柜前寻找，但如果没有良好的搜索系统，则可能很难找到那份文件。因此，提取信息的能力同接收、存储信息的能力一样，都属于记忆的一部分。编码、存储和提取这三大环节必须协调工作，才能使记忆有效运行。

一个人若在信息呈现时不给予注意，便可能无法对信息进行有效编码，甚至完全无法进行编码。人们如果未能有效存储信息，便会说自己"忘记了"某件事。在信息提取这方面，信息的"可用性"（availability）与信息的"可及性"（accessibility）之间有着重要的区别。例如，在有些时候，人们会感觉一个人的名字就在嘴边，但就是想不起来。

案例研究

记忆大师

人们往往希望自己拥有完美的记忆，但正如这篇案例分析所述，过目永不忘显然不是好事。心理学家 A. R. 卢里亚（A. R. Luria）在其 1968 年出版的《记忆大师的心灵》（*The Mind of a Mnemonist*）中讲述了如下案例。20 世纪 20 年代，有一个人名叫谢瑞谢夫斯基（Shereshevskii），他的职业是记者，下文称他为 S。S 的编辑注意到他非常擅于记忆工作要求。不论工作要求多么复杂，S 都能逐字逐句地复述出来，而且从不需要记笔记。S 把这一切视作理所当然，但他的编辑说服他找到卢里亚，接受测试。卢里亚设计了一系列复杂程度逐渐增大的记忆测试，该测试向 S 呈现了包含一百多个数字的列表、无意义音节的冗长字符串、以不明语言写成的诗歌、复杂的图形以及精密的科学算式。S 不仅能完美地复述这些材料，还能倒着说出来，甚至在几年之后还能回想起来。

S 的记忆如此强大，背后似乎存在两大奥秘。他既能够不费吹灰之力地创造出许多视觉映象，还患有“通感症”（synesthesia），即某些刺激能够引起不寻常的感官感受：某个特定的声响可能会使人感觉自己闻到某个气味，又或者某个特定的单词会使脑中浮现出某个颜色。即便是那些对他人而言无聊、无趣的信息也能使 S 产生生动的视觉、听觉、触觉和嗅觉等感官感受。通过如此丰富、如此精细的方式，S 的记忆能够编码、存储任何信息。

不幸的是，S 的能力意味着他会记住所有发生的一切。任何新的信息（如不经意的闲聊）都能使 S 不由自主地产生一系列使其分心的感觉。最终，S 连一段对话都无法维持，更不用说当记者了。他被迫成为职业记忆大师，成天在舞台上展示自己非凡的记忆能力，但随着无用的信息在他的记忆中越积越多，他也越来越不快乐。

真相就是，人的记忆除了意识别无他物，记忆对一切的价值和程度都不会有任何理解。

——马克 · 吐温

（Mark Twain）

人们可能知道这个名字的第一个字母及其音节数量，可就是说不出这个名字。这就是所谓的“舌尖现象”（tip-of-the-tongue phenomenon，简称 TOTP）。受“舌尖现象”影响的人知道目标信息已经存储在记忆的某个角落，也可能对目标信息一知半解。理论上来说，目标信息或许是“可用”的，但在这一时刻是“不可及”的——想不起来了。

编码、存储和提取这三大环节中有一个或多个环节出现堵塞，记忆便会出错。“舌尖现象”便是记忆提取的环节出了差错（见下图）。由此可以得出，记忆的有效性不能仅仅依靠记忆三环节的某一个环节，而是要依靠每一个环节。

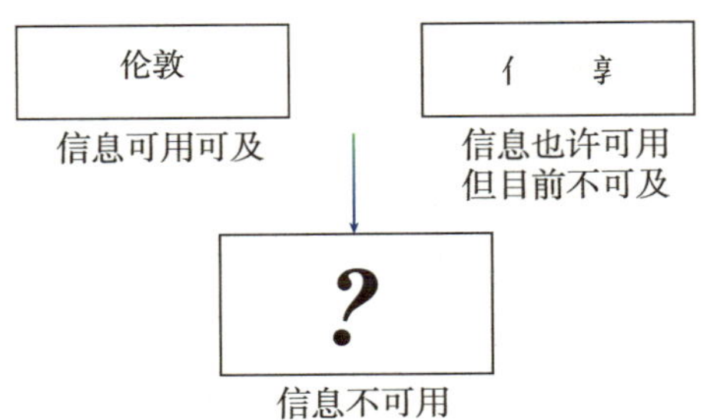

“舌尖现象”即无法提取被存储的信息的现象。对于“英国首都是哪个城市”的问题，答案也许是“可用”的状态，也许是“可用而不可及”的状态，又或是“不可用”的状态。

记忆的过程

柏拉图和他的同代人对于思维的推测是基于自己的个人印象而产生的。然而，为了获取有关人脑记忆运作的客观信息，现代研究者实施的是严格且高度受控的实验性研究，研究结果往往与先人通过“常识”得出的结论相矛盾。

在过去一百年里，记忆种类的多样性是最大的发现之一。人们已经发现记忆分为三种类型：感觉记忆、短时记忆（又称工作记忆、初级记忆）和长时记忆（又称次级记忆），而长时记忆又分为外显记忆、内隐记忆、情景记忆（episodic memory）、语义记忆（semantic memory）和程序性记忆（procedural memory）等。

感觉记忆的工作似乎并没有达到“意识”的水平。感觉记忆从人的感觉获取信息，并保留一秒左右，而与此同时，人决定对哪个信息做出反应。例如，在鸡尾酒派对上，一个人若听到自己的名字被提及，则会不由自主地将注意转移到提及自己名字的那个人身上。那些被忽略的东西则会被迅速遗忘，且不可提取，这便是感觉记忆。当灯光渐暗、声音渐弱时，感觉记忆便会消失。有时，如果一个人并不专注于对方说话这件事，那么虽然他也会听到对方说话的零星片段，但一秒之后便会彻底忘却。

一个人若专注于某事，便会使用工作记忆，其容量有限，一般为正负7个组块。例如，当拨打陌生的电话号码时，工作记忆便会派上用场。工作记忆的容量一旦耗尽，旧的信息便会被新输入的信息取代。工作记忆负责存储重要性低的信息，比如，只拨打一次的电话号码。工作记忆中的信息一经使用便会被舍弃。人脑有意识处理的一切信息均会经过工作记忆——换言之，工作记忆是人当前的想法。工作记忆中的信息若得到思维的持续处理，则会被转移到长时记忆。长时记忆容量无限，负责存储重要性高的信息，比如，需要在工作时记住的陌生电话号码。本章主要探讨长时记忆。

任何有效的记忆系统都必须实现这三大功能：编码或获取信息、储存或保持信息、提取或访问信息。

过去，人们认为工作记忆是被动的过程，但如今，人们发现，保持信息并不是工作记忆的唯一功能。根据心理学界公认的工作记忆模态模型（modal model），工作记忆能够在处理、操纵信息的同时，将信息保持在四到五个组块内。此外，工作记忆还能够执行其他认知功能。

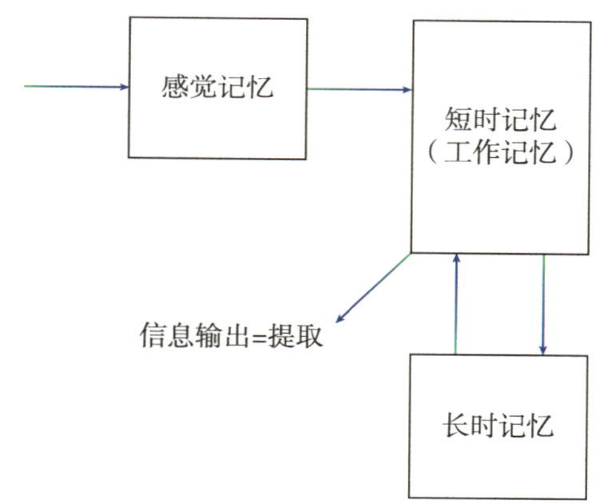

在右图所示的模态模型中，短时记忆（工作记忆）和长期记忆可比作个人计算机的记忆。工作记忆与随机存取存储器（俗称“内存”）相似。长时记忆可比作计算机的硬盘容量。内存是用于执行任务、运行程序、响应命令的记忆单元。

工作记忆

现有良好证据显示，短时记忆至少由三个部分组成。1986年，心理学家艾伦·巴德利（Alan Baddeley）提出了短时记忆的模型，该模型包含语音环路（articulatory loop）、视空间模板（visuospatial scratchpad）和中央执行器（central executive）。

语音环路由内音（inner voice）和内耳（inner ear）组成。“内音”对有待存储的信息进行复述（即“内隐言语”），直到该信息得到处理。“内耳”接收“内音”复述信息时的声音表示。如此进行一段时间后，语音回路开始消退，但会在中央执行器的作用下恢复运转（“中央执行器”扮演着交警的角色）。脑部成像显示，当工作记忆存储信息时，人脑中负责处理言语或声音信号的部分中有两个区域会变得活跃。此时，如果耳边有噪声，又或言语系统受到阻碍（发音所需的肌肉被说话、咀嚼等动作占用），则听觉和言语系统便无法用于内隐言语，从而对语音回路造成阻碍，影响记忆表现。

视空间模板为临时存储信息和处理图像提供中介。研究发现，如果同时执行多个与空间感有关的任务，则这些任务之间会相互干扰，而视空间模板的存在正是从这一点推导出来的。一个人如果试着同时处理两个非言语任务（例如，一边拍打脑袋一边揉肚子），其视空间模板可能会不堪重负，无法有效运作。中央执行器的功能之一是在视空间模板和语音环路之间建立起联结。

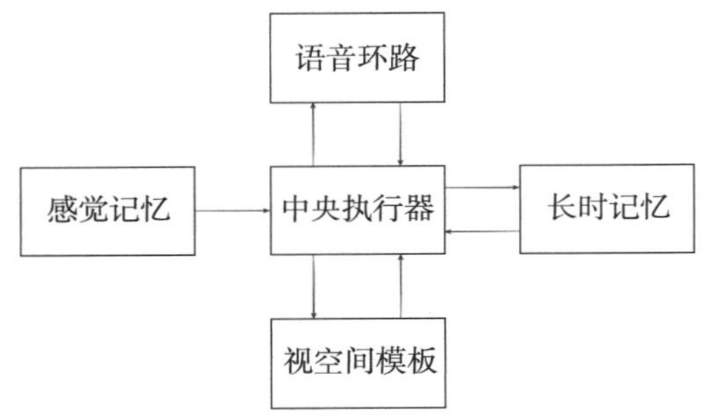

巴德利的工作记忆模型指出，工作记忆由三部分组成：保持语音信息的语音环路、存储图像信息的视空间模板，以及控制注意和策略的中央执行器。

> 记忆是指当某件事情发生而没有完全消除时所留下的东西。
>
> ——爱德华·德·波诺
>
> （Edward de Bono）

人们还认为，中央执行器会对工作记忆的注意和策略进行调控。如果语音环路和视空间模板同时处于活跃状态，则中央执行器还会参与两者之间的协调。额叶受损的患者能够执行自动化的、日常的动作，但无法停止或纠正动作，且很难做出计划和决策。巴德利称之为“执行障碍综合征”（dysexecutive syndrome），因为患者的中央执行器受到了损害。

工作记忆可比作计算机的随机存取存储器（RAM，俗称“内存”）的容量。内存是计算机的工作记忆，计算机正在执行的、与资源处理相关的操作将存储于此。计算机硬盘就像长时记忆一样，计算机关机后，硬盘中的信息仍然能够保留下来，不会遗失。

> 正如糖果的最后味道是最甜蜜的，写在记忆中的事情，比那些过去很久的事情更多。
>
> ——莎士比亚

计算机的关机相当于人类的睡眠。一晚的良好睡眠之后，人类依然可以访问长时记忆中的信息。自己的身份、曾经度过的非凡一天，这些都属于长时记忆。但在通常情况下，一个人醒来后，其睡觉前刚存储于工作记忆中的信息是回想不起来的，因为这些信息还没有转移到长时记忆中。

计算机硬盘的例子还有助于解释记忆编码、存储和提取三大环节之间的区别。互联网上的海量信息可被视为大型的长时记忆系统。可是，没有行之有效的用于搜索、提取信息的工具，互联网上的信息在理论上是“可用”的，但在需要时“不可及”，因此将一文不值。

> 一个人很快就会忘记那些没经过深度思考的东西。
>
> ——马塞尔·普鲁斯特（Marcel Proust）

加工水平理论

1972 年，实验心理学家弗格斯·克雷克（Fergus Craik）和罗伯特·洛克哈特（Robert Lockhart）发展了“加工水平理论”（levels of processing）的框架，该理论对往后的记忆理论产生了巨大影响，其核心

实验

记忆跨度

20 世纪 50 年代，心理学家乔治·米勒（George Miller）经过一系列实验之后，发现典型的健康年轻人能够将 7±2 个项目保持在工作记忆中。例如，一个人如果尝试记忆一张词汇表，则最终往往只能记住最后几个单词，因为最终只有最后几个单词还保留于工作记忆中。

有人提出，工作记忆的容量大小与智力表现相关，即工作记忆的跨度决定了一个人同时执行若干任务且不把任务弄混的能力。例如，在有关工作记忆的实验中，研究者可以要求被试解析方程式，或记忆、复述一系列单词。

准则呼应了马塞尔·普鲁斯特的那句名言（见上面的方框）。之后的学者开展了一些正式实验，测试人类在一定时间后想起所记之事的能力。实验显示，对信息的“更深层次”的加工优于浅层次的加工。

克雷克和洛克哈特还发现，对材料进行精细加工能提升记忆能力。什么意思呢？假设有人要求你学习一张词汇表，然后测试你对词汇表的记忆，那么在通常情况下，如果你对表上的词汇下了定义，又或者把表上每一个词汇都与你个人相联系，则你能记住更多词汇，而这一过程也被称为“材料的精细加工”（elaboration of material）。但是，如果你只是去记词汇的韵律或每个字母在字母表中的位置，那么你能记住的词汇量将减少，因为你的记忆方法在语义层面处于更浅表的水平。语义学（semantics）是研究语言含义的学问。

根据加工水平理论，一套特定操作或程序若能产生更好的记忆表现，则它必然源于对信息的深层次加工。相反，一套特定操作或程序若产生更差的记忆表现，则可以说这套操作或程序必定源于对信息的浅层次加工。

为充分检测加工水平理论，心理学家需要开发一套测量记忆加工水平深浅的方法，该方法需独立于记忆加工之后的记忆表现。然而，尤其在克雷克和洛克哈特通过后续实验发现深层次加工所需的学习、记忆信息的意图并不重要之后，这套模型受到了当今心理学家的广泛认可。

如果把人脑比作计算机，那么记忆的核心组成部分以及记忆能够处理的过程就是记忆的“软件”，而人脑的中枢神经系统作为记忆的“硬件”，构成记忆的基础，形成记忆工作的另一层次。人脑深处的海马负责记忆的整理。海马决定脑中的信息是否重要到需要转入长时记忆的程度，承担看门人的角色，是新记忆的“印刷厂”。海马“印刷”重要记忆，并将其无限期存入

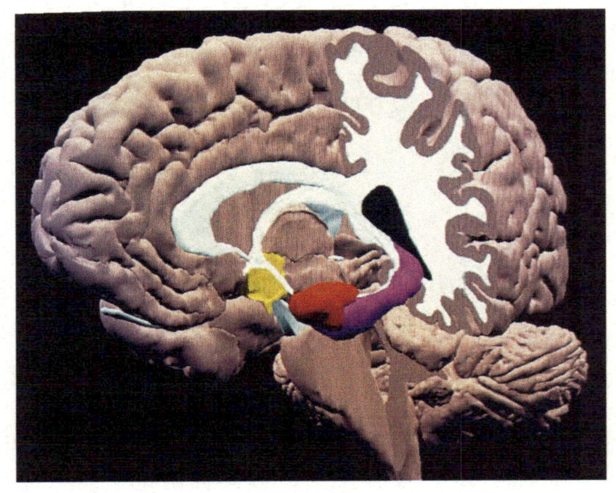

人脑中，以红色标示的区域是海马。海马负责整理记忆，并决定哪些记忆足够重要，需存储在长时记忆中。

大脑皮层。大脑皮层是人脑的最外层，充满褶皱，包含数以十亿计的神经细胞，电冲动和化学冲动使其得以保留信息。因此，大脑皮层是重要记忆的“图书馆”。

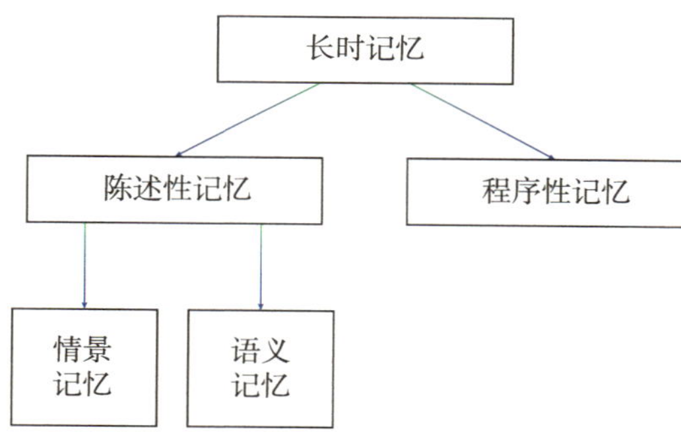

图中显示的是长时记忆的一种细分结构。恩德尔·塔尔文将人能有意识地回忆起来的外显记忆（即陈述性记忆）分为情景记忆和语义记忆，前者存储个别事件，后者存储与世界有关的一般性知识。

长时记忆

长时记忆存储的信息可分为两类：一是人能有意识地回忆起来的外显记忆，也称陈述性记忆；二是内隐记忆，也称非陈述性记忆。外显记忆通常被至少分为两类。心理学家恩德尔·塔尔文（Endel Tulving）把外显记忆分为情景记忆和语义记忆。情景记忆存储个人生活事件或“情景”的记忆，语义记忆存储与世界有关的一般性知识。

至于情景记忆和语义记忆是否只是属于同一记忆系统的不同组成部分，又或是这两者代表相互分立的记忆系统，这一点尚未有定论。然而，有些临床记忆障碍对某一个记忆区域的影响似乎大于它对其他记忆区域的影响，而情景记忆和语义记忆

焦点

一般性知识与个人性知识

人的一生会学习许多与世界有关的一般性知识，即“语义记忆”。下列问题有助于读者调动语义记忆。

- 哪个城市是法国首都？
- 一周有几天？
- 现任美国总统是谁？
- 蝙蝠是哺乳动物吗？
- 水的化学式是什么？
- 你能想到的哪个单词是最长的英文单词？
- 从伦敦出发，沿着哪个方向去纽约？

相反，昨天早餐吃了什么、上个生日发生了什么，此类问题与个人生活事件或“情景”有关，调动的是情景记忆。

关键术语

- **短期记忆（short term memory）**也称工作记忆或初级记忆（primary memory），负责处理当下或刚刚产生的信息。
- **长期记忆（long term memory）**也称次级记忆（secondary memory），负责处理过去产生的信息，有不同的分区。
- **外显记忆（explicit memory）**也称陈述性记忆（procedural memory），是长时记忆的一种，是针对某个特定事件形成的有意识记忆。
- **内隐记忆（implicit memory）**也称程序性记忆，是长时记忆的一种，是针对技能等事物形成的无意识记忆。
- **语义记忆（semantic memory）**和**情景记忆（episodic memory）**属于外显记忆，可能是同一系统的不同组成部分。
- **记忆术（mnemonics）**是用于提升记忆的工具。位置记忆法是指在特定位置对事物和信息可视化，关键词记忆法是指将词语和图像相连接。
- **遗忘（forgetting）**，即提取信息失败。
- **舌尖现象（tip-of-the-tongue phenomenon，TOTP）**，即信息已被存储、可能“可用”，但由于提取过程发生错误，该信息“不可及”。
- **回忆（recall）**分为自由回忆和有线索回忆，前者是指在没有任何协助的情况下尝试回忆的过程，后者是指在提供线索之后尝试回忆的过程，比前者更容易。提供线索有助于信息提取，但也有可能歪曲事实、造成偏见。

之间的区分有助于为这些记忆障碍定性。例如，研究人员发现某些脑部疾患（如语义痴呆）会影响语义记忆。颇具争议的一点是，塔尔文认为，健忘症是对情景记忆而非语义记忆的选择性损伤。

内隐记忆（程序性记忆）存储的是已被掌握，但或许无法描述的技能，如骑自行车、打篮球或打字。心理学家似乎一致认同，内隐记忆独立于外显记忆，即能有意识回忆起来的记忆。

提取

经过感官的处理之后，信息为人脑所编码（接受）和存储。之后，人类就能有效地从人脑中的文件系统提取信息。至于什么信息可被提取，这在很大程度上取决于信息编码或分类的背景，以及这一背景在多大程度上与提取信息时的背景相匹配。这就是编码特异性原则（encoding specificity principle）。例如，与亲友相遇时，如果相遇的背景不同于往常和这位亲友相遇的背景，则有可能认不出对方，这样的尴尬事件很多人都经历过。人们如果习惯于见到对方穿着某种服饰（比如制服）的样子，但对方为了参加某种社交场合（比如婚礼）而换了一套穿着，那么人们就有可能认不出对方是谁。

回忆

信息提取分为两类：回忆（recall）与再认（recognition）。在实验的背景下研究回忆时，研究人员可能会向被试呈现信息（比如故事），该阶段被称为学习阶段（learning episode）。之后，研究人员要求被试回忆故事的某些部分。

自由回忆（free recall）是指在没有任何协助的情况下尽可能多地回忆故事内容。前文提及的“舌尖现象”体现出自由回忆所存在的一个共同问题的性质——人们往往只能回忆起一部分试图回忆起来的内容。

线索回忆（cued recall）是指在获得一个提示（比如类别、单词首字母）的情况下提取某个特定信息。例如，研究人员可能会询问被试：“昨天我给你读了一篇故事，请说出故事中所有名字首字母为J的人。”线索回忆往往比自由回忆更容易，这可能是因为研究人员通过提供线索的方式为被试完成了一部分记忆工作。不过，线索虽然在提取信息时有所帮助，但有时也会歪曲事实、造成偏见。

再认

再认是最简单的一种信息提取，是根据实际记忆材料做出决定的过程。“迫选再认”（forced choice recognition）是向对方呈现两个选项，其中一个选项是对方先前见过的，然后要求对方从两个选项中选出其先前看到过的一个选项。只能从二者选择其一，这是一个强迫的选择，相当于“正误再认”，即同时给予对方一系列选项，然后问对方是否曾见过选项。对方只需回答是或否。

实验显示，内容提取和内容熟悉这两大独立过程可正面影响再认效果。

内容提取取决于对时间地点的清晰回忆。例如，你可能会将某人认作为“上周五在从学校回家的公交车上遇到的那个人”，但过了若干天之后，你可能会遇见一个和那个人长相相似的人，你知道自己曾经见过此人，但就是想不起来何时何地见过。这种类型的“再认”触及了人脑中对事物产生熟悉的过程，但人脑无法做出清晰的回忆，所以这是一种详细程度更低的“再认”。

实验

背景的效果

1975 年和 1980 年，D. R. 戈登（D. R. Godden）和艾伦·巴德利开展了两个著名的实验，以确定背景对回忆和再认的效果。一组深海潜水员先被要求在海滩上学习信息，之后又被要求在水下学习信息。随后，研究人员在相同背景和不同背景下对潜水员进行记忆测试，要求潜水员回忆所学的信息。

研究表明，潜水员编码信息时所处背景与回忆信息时所处背景是否一致，对潜水员的回忆有很大程度的影响。如果潜水员进行学习和接受测试的地点均在水下或均在地上，则潜水员能回忆起更多信息。可是，如果潜水员进行学习和接受测试的地点互不相同，则潜水员的记忆水平将大幅下降。然而，这些只适用于回忆记忆，而非再认记忆。因此，学习和测试的背景一致性似乎对于回忆活动而言更重要，而对于再认活动而言不那么重要。

根据戈登和巴德利的说法，如果这位潜水员在水下学习知识，在水下接受测试，那么她能够回忆起来的东西将多于她在地面上接受测试的情况。

身心影响

人的身心状态对回忆的表现也有影响。一个人在学习某个信息时情绪稳定，但如果此人在回忆该信息时情绪激动，则其回忆的能力将减弱；然而，如果此人在学习信息和回忆信息时的情绪均为稳定或均为激动，则其回忆的能力将有所提升，这就是“情景依赖学习”（state-dependent learning），对于正在备考的学生来说十分重要。学生在复习迎考时情绪稳定，但在考场上情绪紧张、激动，则其回忆知识点的能力可能会低于情绪更稳定的人，这是因为相同的情绪会创造另一个提取信息、通向记忆存储的线索。记忆似乎在很多情况下都会被身心状态所影响。在受控环境下，研究人员发现，只有当某个记忆测试采取自由回忆的方式时，回忆的效果才会具有一致性。

如果被试只接受回忆记忆或再认记忆的测试，则身心状态或背景的不同会产生更难以预测的效果，这主要是因为，被试所学习的一部分信息以及回忆和再认记忆测试本身所提供的一部分信息是不会变化的。

因此，这大幅减少了“学”与“记”之间的不协调。此外，虽然清晰回忆起来的那部分记忆可能要依赖于身心状态，但再认记忆中更加熟悉的那部分是不依赖于背景的。

> 我们从未证实遗忘是否存在，我们只知道，人有时想不起来需要想起来的事情。
>
> ——弗里德里希·尼采（Friedrich Nietzsche）

遗忘

“遗忘”可定义为信息的损失、干扰或其他对信息提取的妨碍。遗忘的发生不仅仅是由于存储的限制，还由于当人试图提取相似记忆时，记忆会发生混乱和相互干扰的情况。为了更好地理解记忆的工作方式，我们有必要了解影响信息遗忘的一些因素。

对于“遗忘”，学界存在两种传统的观点。一种观点认为，物质会随着时间推移而暗淡、腐蚀、失去光泽，记忆的暗淡或衰退也是一样的。另一种观点认为，遗忘是更加主动的一种过程，并且没有强有力的证据证明记忆中的信息会发生暗淡或腐蚀。遗忘的发生是因为记忆的轨迹被其他记忆破坏、模糊或覆盖。换言之，遗忘的发生是因为干扰。

2001 年温布尔登网球公开赛男子单打决赛后，冠军戈兰·伊万尼塞维奇（Goran Ivanisevic）亲吻奖杯。人们忘记这场重大赛事上发生的事情，既可能是由于记忆的暗淡或腐蚀，也可能是由于更为近期的网球赛模糊了这场网球赛的记忆。

学界达成的共识是，记忆的暗淡和记忆的干扰均会发生，但时间的重要性很难与新事件造成的干扰相分离。时间是记忆暗淡或衰退的成因，而新事件往往同时发生。请试着回忆一下，2001 年温布尔登网球公开赛男子单打决赛（Wimbledon men's tennis final）上发生了什么。你可能会发现，这段记忆已经不再完美，原因也许是时间过去太久，也许是 2001 年之后的温布尔登网球公开赛男子单打决赛对记忆造成了干扰，又或者这两个原因都起了作用。然而，有证据表明，记忆干扰可能是更为重要的一大遗忘成因。如果 2001 年温布尔登网球公开赛男子单打决赛是你观看的最后一场网球赛，则与那些在那场网球赛后还看过其他网球赛的人相比，你对这场网球赛的记忆可能会更好。

记忆中的各种经历无疑会相互影响、相互干扰。因此，对一段经历的记忆往往会与对另一段经历的记忆相关联。两段经历越相似，越有可能在记忆中相互影响。虽然这一现象可以帮助人们在过往学习的基础上开展新的学习，但是如果人们需要将两段不同经历的记忆分开，那么记忆之间的干扰将影响回忆的精确性。例如，一个人拥有两段均在生日当天发生的经历，但不是在同一年的生日发生的，这两段经历就可能会互相干扰。

艾宾浩斯研究传统

赫尔曼·艾宾浩斯（Hermann Ebbinghaus）是德国实验心理学家，他对遗忘的研究使他闻名于世。在一场实验中，艾宾浩斯自学了 169 个音节组，每组包含 13 个无意义音节，每个音节由一个辅音、一个元音加一个辅音组成（如：PEL 或 KEM）。艾宾浩斯每隔一段时间便会重新学习每个音节组，间隔时间从 21 分钟到 31 天不等，并使用“节省量”（savings score，即重新学习所花费的时间量）来衡量遗忘内容的多少。

艾宾浩斯发现，起初他的遗忘速度很快，遗忘率大致呈指数式增长。艾宾浩斯的结论经受住了时间的考验，并且已被证明适用于一系列不同的材料和学习状况。例如，一个人毕业后不再学习法语，则其

焦点

闪光灯记忆和回忆高峰

总有一些事情是印象深刻、难以忘却的，特别是那些不寻常、激动人心的事。这一现象与两大方面有关：闪光灯记忆（flashbulb memory）和回忆高峰（reminiscence bump）。

当获悉一件特别重要、特别情绪化的事件时，闪光灯记忆便会记住那一瞬间发生的一切。美国总统肯尼迪遭到刺杀、英国戴安娜王妃车祸遇难时，当时活着的人们往往能记住自己在获知死讯时身在何处、与谁同行。记忆如此生动持久，其原因也许是演变的。

当老年人被问及年轻时的经历，回忆高峰便会起作用。对老年人来说，青少年至成年早期的回忆往往是最多的。有人说，这是因为人在那段时间经历的事情最为重要。坠入爱河、为人父母令人心潮澎湃，步入职场、环游世界也是人生的里程碑。至于此类现象背后的过程，这方面的理论仍颇受争议，但已经成为记忆研究中引人瞩目的课题。

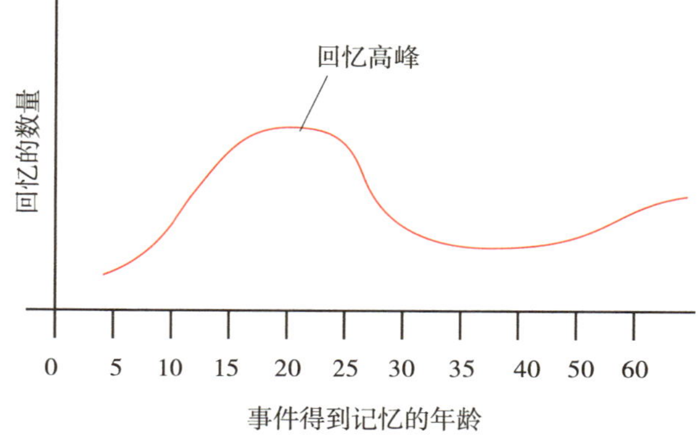

回忆高峰，是指老年人更倾向于回忆青少年至成年早期的人生经历的现象。

法语词汇量将在未来12个月里迅速下降，但词汇遗忘的速度将逐步放缓，使记忆最终达到不再遗忘的稳定状态。此人如果在五到十年后重拾法语，那么届时，其剩余的法语词汇量可能会远超其预期，且对于那些曾经学习、现已遗忘的词汇而言，其重新学习的速度将快于从未学过法语的学生。尽管一个人对某个词可能缺少有意识的记忆，但这个词一定会留在其记忆的无意识层面。

心理学家B. F. 斯金纳曾提出一个与之紧密相关的观点，他写道："人们会遗忘自己所学的知识，而没有遗忘的那部分便是教育。"这番话中的"遗忘"一定是指彻底的遗忘。艾宾浩斯表示，他在实验中自学的无意义音节是完全随机的，这些音节的"同一之处在于互不相关"，他也将之视为实验的优越性之一。的确，对艾宾浩斯开展的这类实验而言，无关因素的排除是优势之一。但也有人认为，这样一来，记忆的微妙之处便会被一系列人造的、数字的东西所取代，记忆的过程被过度简化了。虽然艾宾浩斯的实验方法从科学上来说非常严谨，但人类记忆在现实生活中运作的最重要因素也可能遭到忽略。批评者指出，使用有意义的记忆材料（如故事、购物清单）将提升实验与人类记忆实际运作的总体相关度。

巴特利特研究传统

记忆研究的第二大传统以弗雷德里克·巴特利特勋爵（Sir Frederick Bartlett）的实验为代表。巴特利特在其1932年出版的《回忆》（*Remembering*）一书中抨击了艾宾浩斯的研究传统。巴特利特指出，对无意义音节的研究不能揭示记忆在现实世界中的工作方式。艾宾浩斯以无意义音节作为实验材料，试图确保实验材料没有任何意义。然而，巴特利特聚焦于人类在相对自然的环境下对有意义材料的记忆。此处的"有意义材料"也指人类试图赋予其含义的材料。

在巴特利特的实验中，研究者要求被试阅读一篇故事，之后要求被试复述故事。巴特利特发现，被试虽然会以各自的方式复述故事，但都体现出以下共同的趋势。

- 被试复述出来的故事往往会更短。
- 被试在理解不熟悉的材料时，会对其做出改变，使之更适合于脑海中的既有想法和文化预期。因此，被试复述出来的故事会更连贯。
- 被试对故事做出的改动，符合其初

实验

《鬼魂之战》

巴特利特曾试图跟随艾宾浩斯的脚步，运用无意义音节开展进一步的实验。然而，根据巴特利特自己的说法，实验结果“差强人意，令我越来越不满意”。于是，巴特利特不再遵循艾宾浩斯的做法，而是选用了一般的散文作为记忆材料。他觉得散文“本身很有趣”，可这种材料正是艾宾浩斯排除在自己实验之外的。

巴特利特使用这两个基本方法开展实验，一是系列再现（serial reproduction），二是重复再现（repeated reproduction）。系列再现就像传话游戏一样，第一个人将某段信息传给第二个人，第二个人将同样的信息传给第三个人，如此类推，直到信息传给最后一个人，再将第一个人获取的原始信息和最后一个人复述出来的信息做比较。重复再现是让某人在学习某条信息之后，每间隔一段时间（从 15 分钟到几年）便予以重复。

巴特利特最著名的实验使用了北美民间传说《鬼魂之战》（*The War of the Ghosts*）作为记忆材料。《鬼魂之战》的内容与被试所理解的英语文化没有关联，而且在母语不是英语的人看来，这篇故事杂乱无章、毫不连贯，巴特利特因此选择这篇故事作为实验材料。从实验中，巴特利特得出结论：人们往往会使记忆材料合理化。换言之，人们会将记忆材料转变为易于理解、让自己感到舒适的东西。根据巴特利特的说法，回忆是富有想象力的重构或建构，一系列积极、有组织的过往反应或经历，以及以图像或语言形式呈现的、印象深刻的细节，是记忆建构的基础。因此，回忆几乎不可能分毫不差地重现事物，就算是最简单的死记硬背也不例外。回忆不是对许多“固定、无生命的碎片痕迹”的重新激活。

次听说这一故事时的反应和情感。

巴特利特认为，在某种程度上，人们对原始事件付出的情感、投入和投资决定了人们所能记住的东西。记忆系统会保留“少量印象深刻的细节”，除此之外的东西只是基于原始事件的阐释或重构。巴特利特称之为记忆的“重构性”而非“重现性”。换言之，记忆是基于已有思维的重构，而不是对原始事件或故事的重现。假设加拿大和美国之间开展了一场冰球或网球比赛，请设想一下，看完这场比赛的两国球迷各自会对比赛做出怎样的描述。赛场上发生的客观事实不会随观看的球迷而变化，但两国球迷很可能会对同一场比赛做出截然不同的描述。

巴特利特观点的实质在于，人们会试图给自己观察到的世间万物赋予意义，而这一现象会对记忆产生影响。对于那些使用抽象、无意义材料的实验室实验而言，巴特利特的观点可能并不需要被参考。然而，根据巴特利特的说法，“先理解再记忆”的现象，是现实世界中人们的记忆方式和遗忘方式的最重要特性之一。

记忆组织与错误

20 世纪 60 至 70 年代，研究者开展了一系列实验，探究棋手能够记住棋盘上多少棋子的位置。研究发现，顶尖棋手要记住 95% 的棋子位置，只需看棋盘两次，每次五秒即可。实力还没达到顶尖级别的棋手只能正确记住 40% 的棋子位置，如需记住 95% 的棋子位置，则需尝试 8 次。研究表明，顶尖棋手的优势在于其能够将棋盘视为一个有组织的整体，而非若干个个体。

此外，有些实验要求桥牌专家回忆手牌，还有一些实验则要求电子专家回忆电路图，而实验结果都是相似的。从实验中可以发现，专家似乎都能够对记忆材料进行组织，使之连贯而有意义，从而大幅提升记忆。此前人们已经发现，人在提取信息时若能通过提示来组织信息，则回忆的效果会更好。然而，这些实验进一步发现，组织信息的步骤若能提前到学习信息时进行，对回忆亦有帮助。在实验室里，研究者将两类回忆相对比，一类回忆是由那些未对材料进行建构的学习者产生，另一类回忆是由那些学习材料时已对材料进行建构的学习者产生。例如，要记忆一张随机的单词表，可以将表上的单词按照蔬菜、家具等类别分门别类，使记忆更加轻松。如果一个人在学习单词表时已对单词表进行建构，则其对单词表的记忆将显著优于没有对单词表进行建构的人。

> 人必须拥有良好的记忆才能信守诺言。
>
> ——弗里德里希·尼采

学习时对记忆材料进行有意义地建构，将提升测试时的记忆表现。不过，这一做法也可能会产生歪曲。众所周知，记忆不可能不出错。由于日常生活与环境的诸多因素，很多人的记忆力并不好，不太可能记得住那些无关于日常生活的信息。

导致记忆错误的因素有很多。比如，注意分散会使记忆编码不完整，理解错误会使记忆之间相互干扰。记忆错误与材料的初次理解相符，但与材料的真正内容不符。记忆错误往往难以发现，因为人脑对记忆材料的重构是详细而生动的，人脑视之为精确的记忆。使用催眠或提升记忆的药物也不能提高记忆的精确性。

记忆与刑事案件

法律界、警界和传媒仍然很重视目击者的证言。人们认为，目击者对某件事的回忆是巨细无遗的。可是，一系列精心开展的科学实验已经对记忆的工作方式做出了新的发现，并指向一个结论，即目击者的回忆并非想象中那样完美。目击者对刑事案件的回忆可能随其情感和个人态度而变化。例如，目击者可能会对嫌犯或受害人心怀同情。

在刑事案件中，很多因素会相互结合，共同作用，降低目击者证言的可靠性，模糊、扭曲目击者的记忆，促使目击者提供不准确的陈述。这些因素如下。

- 若处于极端压力之下，人的注意焦点会更狭窄，使其得出的观察更片面。
- 若面临或身处暴力状况，人的记忆往往会更不准确。
- 若犯罪现场有武器，人的注意可能会分散，不再集中于嫌犯身上。
- 身处犯罪现场的人对面孔的回忆会更精确，尽管如此，穿着仍会使人做出更加片面的辨别。穿着与犯罪分子相似的人可能会被误认为犯罪分子。
- 人们往往更难识别来自其他种族或民族的人脸，跨民族、跨种族交流的资深人士也不例外。这一现象似乎与种族歧视无关。

使用引导性问题也会对记忆的歪曲产生巨大影响。引导性问题，即做出假设或暗示某事已经发生。“你有没有看见那个强奸妇女的男子？”就是一个引导性问题的例子，因为该问题包含的假设是“已经发生了一起强奸案”。与“你有没有看见一个男人强奸一个女人？”这一问题相比，“你有没有看见那个强奸妇女的男子？”引出的回答更有可能坐实一起疑似的刑事案件。

例如，有人在高速路的路口处目击一起交通事故，事后此人被问及，涉事车辆当时停在树的前方还是后方。此时，就算

焦点

记忆七宗罪

2001年，丹尼尔·L·沙克特（Daniel L. Schacter）在《记忆七宗罪》（*The Seven Sins of Memory*）一书中提出，记忆的运作异常是由七大基本错误造成的，即“七宗罪”。

- 短暂性（transience）：虽然人能记住当天早些时候的所作所为，但由于记忆会随着时间的推移而逐渐消退，这些细枝末节会在几个月的时间里全部或大部分被遗忘。
- 心不在焉（absent-mindedness）：人的注意和记忆之间发生断档，原因可能是人一开始就没能理解信息，也可能是人的注意力没有集中在应该记忆的东西上。
- 阻断（blocking）：人试图提取某个信息，但没能成功。“舌尖现象”就是一个例子。
- 错误归因（misattribution）：人将记忆归入错误的来源。例如，一个人在报上读到某个消息，但之后记忆发生错误，使其误认为这个消息来源于某个朋友。
- 易受暗示性（suggestibility）：错误的记忆随着具有误导性的问题、评论或建议进入脑海。
- 偏差（bias）：当下的记忆和信念对过去的记忆有很大影响，因此，人会根据当下的视角，不自觉地歪曲过去的经历或习得的材料。
- 纠缠（persistence）：不愿想起的记忆总是萦绕在脑海中。此类记忆既可能包括工作中令人尴尬的失误，也可能包括严重的创伤经历（如被强奸）。

事故现场根本没有树，目击者也很可能会将一棵树“插入”车祸的记忆。一旦这个树被插入记忆，树的存在就会与原始记忆无异，真实记忆和虚构记忆将无从区分。就这样，引导性问题引发了记忆的偏差。

上述种种实验都包含一个核心要点，即记忆不是被动的过程，而是一个既能“从上到下”又能“从下到上”的过程。记忆的过程不单单是先获取信息再存储信息，而且是给信息赋予含义，对信息进行加工，使其符合记忆者自身的世界观。这说明，记忆是主动的过程。

影响记忆

20世纪70年代，伊丽莎白·洛夫特斯通过实验室实验发现，被试对引导性或误导性问题做出的回应，和人们对那些不会产生记忆偏差的问题做出的回应，两者是一样迅速、一样充满信心的。被试就算注意到提问者引入了原始记忆中没有的新信息，也一样会将这样的新信息纳入对事故回忆的一部分。

目击者被问及的问题，足以使目击者对事故现场的记忆产生偏差。例如，若目击者被问及车辆是否与路牌发生碰撞，则会将路牌插入原始记忆。

因此，记忆偏差可以在事情发生之后才被引入。在1974年的一次实验中，洛夫特斯和她的同事约翰·帕尔默（John Palmer）要求若干组学生观看一系列录像，每个录像都会展现一起交通事故。其后，学生需要回答与交通事故有关的问题。有一个问题是“当车辆__________时，车速有多快？”空格处的词语对每组学生都不相同，可以是“猛烈相撞”（smashed）、“相撞”（collided）、“撞上”（bumped）、“碰撞”（hit）和“剐蹭”（contacted）中的一个词语。

研究者发现，问题空格处选用的动词，会影响学生对车速的估计。洛夫特斯和帕尔默得出结论，问题的隐含意义已经改变了学生对事故的记忆。

之后，洛夫特斯和帕尔默要求学生们观看一个长达四秒的录像，录像中有多辆车发生事故。学生们同样被问及车速，但这次，一组学生的问题选用了“猛烈相撞”这一动词，另一组学生的问题选用了“碰撞”这一动词，而第三组学生未被问及车速。一周后，研究者向学生提出了更多问题，其中一个问题是：“你当时有没有看见碎玻璃？”

洛夫特斯和帕尔默发现，车速问题选用的动词不仅会影响学生对车速的估计，还会影响学生对碎玻璃问题的回答。对车速估计更高的学生更有可能回忆并表述其看见过碎玻璃，可录像中没出现任何碎玻璃。相反，未被问及车速的学生最不可能回忆并表述其看见过碎玻璃。一年后，洛夫特斯开展了另一项实验。实验中，她又向被试播放交通事故的录像。这次，她询问一些被试：“在乡村道路上行驶的白色跑车路过谷仓时，其车速有多快？”可是，录像中并没有出现谷仓。一周后，被问及这个问题的被试更有可能回忆自己看见过谷仓。就算被试在观看录像后只是被问及“你有没有见过谷仓？”但一周之后的被试仍然更有可能“回忆起”自己见过。

洛夫特斯得出结论，事实记忆可被引导性问题改写。洛夫特斯实验的批评者却认为，被试只是在符合研究者的期望而已，毕竟，当大人问孩子问题时，孩子不喜欢说“不知道”，而是会给出大人期望的答案，同样的道理也适用于洛夫特斯的实验。

> 好记性不如烂笔头。
>
> ——汉语俗语

但洛夫特斯相信事实并非如此，并开始寻找更多有说服力的证据来支持她对记忆和误导性信息的结论。1978年，洛夫特斯、米勒（Miller）和伯恩斯（Burns）又进行了实验，被试面对的依然是交通事故，但这一次被试看到的是幻灯片而不是录像。事故中，一辆红色德森牌汽车在十字路口

案例研究

身份错误

澳大利亚心理学家唐纳德·汤普森（Donald Thompson）一直都在积极主张目击者证词的不可靠性。一次，他参加了一场聚焦目击者证词的电视辩论，并对人脸记忆表达了看法。之后，警察突然将他拘捕，但拒绝透露原因。直到一名女子在警署的列队认人手续中将他指认出来，他才意识到，自己被指控为强奸犯。

汤普森询问此案的更多细节，发现案发时间正是他参加电视辩论的时间。这样一来，他的不在场证明显然十分有力，他的证人还包括一名警察，该警察和他参与了同一场电视辩论。

最终人们发现，在受害女子遭到强奸的房间中，有一台开着的电视，强奸案发生时，电视恰好在播放辩论节目。这正是典型的记忆转移（transference of memory）或源头性失忆（source amnesia）现象。心理学家丹·沙克特（Dan Schacter）还称之为错误归因。受害女子遭到强奸时在电视上看见的脸，污染了她对强奸犯的记忆。女子虽然正确地认出了面容，但把面容和错误的人联系在了一起。

近期也有其他研究显示，一旦两人换了地方出现，便无法被认出来。这一现象也称变化盲视（change blindness），指人察觉不到先后呈现的视觉场景之间的变化。

处转弯，与行人发生碰撞。一组被试看到车辆先在停车标志前停下，而另一组被试看到车辆在让行标志前停下。这次实验的关键问题是："当红色德森在停止标志（或让行标志）前停下时，另一辆车有没有途经红色德森牌汽车呢？"每组被试中，有一半的人被问及红色德森停在"停止标志"前的情况，而另一半则被问及"让行标志"。这意味着，每组被试中都有一半的人得到的问题是符合事实的，而另一半的人得到的是误导性问题。

20 分钟后，研究者向所有被试再次展示成对的幻灯片。在每对幻灯片中，有一张幻灯片与被试看到的相符，而另一张幻灯片略有不符；有一对幻灯片显示车辆停在停止标志前，而另一对幻灯片显示车辆停在让行标志前。被试需要在每对幻灯片中选出最准确的那张。研究者发现，被试先前被问及的问题若符合事实，则更有可能选出正确的幻灯片，而那些被问及误导性问题的被试更有可能选出错误的幻灯片。

由此可以发现，有些人的记忆确实是在相关事件发生之后形成的，而不是在发生期间形成的。研究者成功误导被试做出了对事故的错误陈述。这些发现对警察讯问技术以及儿童虐待事件的争议问题产生了很大影响。那么接受心理治疗的人所回忆起来的，是符合实际的事实，还是在心理治疗师的暗示下产生的、从未发生过的错误回忆呢？

> 记忆在很大程度上依赖于思维的明晰度、规律性和秩序性。有人抱怨记不住东西，原因在于理解有误。有人虽然理解了一切，但什么也没记住。
>
> ——托马斯·富勒（Thomas Fuller）

提升记忆

损坏记忆神经系统是很容易的，酒精影响、药物滥用、头部损伤等就能导致此类问题。相比之下，改善记忆神经系统却是很困难的。未来，人们也许能通过基因改造技术、碳基硬件（人脑）和硅谷硬件（计算机）来改善"神经硬件"。已经有人提出，某些"智能药物"和神经化学药物能够提升记忆神经组件的功能，但这些药物只能对脑损伤、痴呆症等病症的患者有效。提升记忆的唯一方法，就是确保神经系统运转的"软件"处于最佳工作状态。

艾宾浩斯在学习无意义音节时，发现学习的尝试次数与学到多少内容之间有直接的关系。艾宾浩斯得出结论，学到多少内容只与学习多长时间有关。学习者若使学习时间加倍，便会存储加倍的内容。

这就是“时间总长假设”（total time hypothesis）现象，一切针对人类的研究背后都蕴含着这一关系。然而，人们已经意识到，艾宾浩斯提出的记忆技能有些过于武断了。这意味着，虽然练习量与记忆量之间存在总体关系，但总有其他办法能让人们花同样的时间得到更多的回报。

艾宾浩斯也注意到了“练习间隔分布”（distribution of practice effect）现象。该现象显示，学习行为分布于较长的时间周期，比集中在一个时间点更好，“少量多次”是关键原则。因此，牢固、持续地学习，胜过填鸭式学习。

> 不要相信你的记忆，它是一张满是洞眼的网，最美好的礼物会从中逸出。
>
> ——乔治·杜亚美（Georges Duhamel）

“零错误学习”（errorless learning）是一项灵活的学习策略，即学习者学习某项新知识后，在很短的间隔内进行首次练习。随着这项知识的学习不断进步，练习间隔逐步增加，目的是到最后，这项知识的练习间隔能达到最长，届时学习者将能够可靠地重现知识。作为一项学习技能，“零错误学习”似乎十分奏效。“零错误学习”的一大“副产品”在于，由于记忆错误的概率处于最低水平，因此学习者的学习动机能够保持。

学习信息的动机大多都产生间接的效果，但也属于重要因素之一。学习动机影响学习者在记忆材料上花费的时间，从而影响学习量。

处理信息的方式很重要。学习者从记忆材料中探求意义。如果记忆材料毫无意义，学习者便会自行赋予材料以含义。一般而言，处理信息的方式往往有助于学习者在可用的时间里，尽可能丰富、精细地在记忆材料和学习者自身、学习者周围环境之间建立联系。

维多利亚时代的教育者强调信息重复、死记硬背在学习中的重要性。但是，一遍遍重复信息并不能确保学习者专注于学习内容。除非学习者给予注意，否则知识是不会进入长时记忆的。学习者如果是为了自己而记忆知识，则记忆的强化往往会更有效。注意、兴趣、技能和记忆之间的关系错综复杂，却又相互促进。学习者在某个领域的技能越强，其对这个领域的兴趣也越强，技能和兴趣会相互促进，提高学习者在该领域的记忆。

辅助记忆手段也能帮助人们记忆。过去人们有个习惯，就是在手帕上打结。手帕上打的结不能显示记忆内容，但能提醒人存在记忆某事的需要。如今，对于很多人来说，计算机、备忘录、录音机、日记本、会议纪要、公司报告、上课笔记等外在的辅助记忆手段唾手可得。

所谓记忆超群的人，其奥秘往往在于记忆术（mnemonic）。记忆术，即通过视觉或言语来组织信息、使信息更易于记忆的方式。位置记忆法（method of loci）和关键词记忆法（peg words）是使用最多的两大视觉记忆术。

如今，人们身边很多电子设备都能用于辅助记忆，包括计算机、备忘录和录音机等。日记本、会议纪要、公司报告和上课笔记等也属于外在的辅助记忆手段。

> 任何一台精妙的仪器中，大多数部件的运转均不为人所知。仪器愈是精妙，人们愈是不知其中奥妙。对于仪器中任何一个机制而言，但凡被人发现其存在，都是一种错误。
>
> ——肯尼思·克雷克（Kenneth Craik）

记忆术

位置记忆法（method of loci，loci 为拉丁语，意为“位置”）基于一次历史久远的事件，可追溯到约公元 500 年。当时，希腊诗人西莫尼季斯（Simonides）在一个庆典上致颂词。他致辞结束后不久便被人叫走，而几乎就在他踏出宴会厅的一瞬间，宴会厅的地板轰然坍塌，造成多名宾客伤亡。死者多已面目全非，家属也无法辨认。根据雄辩家希瑟罗（Cicero）的说法，西莫尼季斯发现，自己能轻松回想起大多数宾客在他离开宴会厅时所处的位置。有了他的协助，遗体辨认的工作简单了不少。

人们基于西莫尼季斯的这段经历，认为他开发了一套方法，使人能够对建筑或

焦点

复习迎考

基于心理学研究和理论，现有以下几种提升记忆的实用方法。

- 选择一个没有任何干扰的工作环境，以便更好地专注于目标信息，不因周围的嘈杂而分心。
- 试着尽可能积极地对信息进行编码，如想象自己对记忆材料的作者发问，使思维集中于学习；试着将需要学习的信息与头脑中已有的信息联结起来。
- 组织信息，使信息形成结构，这样一来，只需记住一部分信息，便能回忆起全部信息。将新学习的材料与已有知识相联结，使材料更易于理解。
- 如有时间，尽可能广泛、精细地将新学习的材料与自身兴趣相关联。
- 练习很重要。不论是记忆事实、学习舞步，抑或是学习外语，练习都是不可替代的。突击练习效率不高，少量多次才是更好的练习策略。
- 充分利用碎片时间，使用笔记卡片、掌上计算机或录音机来唤醒记忆。
- 思考所学领域中不同的概念、事实和原则之间的内在联系，这对复习迎考和考试作答均有帮助。
- 学习知识的最佳方法是将知识教授给他人，因为向他人传递信息的过程不仅需要复述信息，还需要理解信息。学习者若能在没有提示的情况下自发地复述材料，且能向他人解释清楚时，才能继续你的学习。
- 想象自己如何将所学知识应用于日常生活实际，能使信息更实用、更切合实际，让学习者在考试时更好地复述知识。

房间形成详细的视觉记忆，并在脑中想象出各种有待记忆的物体或信息的特定位置。每当西莫尼季斯需要记住物体或信息的位置时，他便会想象自己在房间或建筑内走动，边走边“拾起”这些信息。这套方法似乎对表示具体含义的词汇（如物体的名称）十分有用，但是，只要能够对抽象概念形成代表性的印象，并给这一概念安排到适当的位置，那么这套方法对表示抽象含义的词汇（如真相、希望等）也有用处。

关键词记忆法能帮人记住一系列项目。每个数字都能和一个词语相关联：1代表“面包”，2代表“鞋子”，3代表“树木”，4代表“房门”，5代表“蜂巢”，6代表“棍棒”，7 代表“天堂”，8 代表“闸门”，9 代表“酒水”，10 代表“母鸡”。如果你需要记住的第一个项目是“猫”，你可以将“猫”与数字 1 所代表的“面包”相关联，构造一幅“猫吃面包”的视觉映象。如果你需要记住的第二个项目是“狗”，你可以想象“狗嚼鞋子”或“狗穿鞋子”的视觉映象。总体而言，想象的画面越怪异，关键词记忆法就越有效。

传统记忆术主要依赖于视觉映象。之后，人们发展了依赖口头语言的记忆术，此类记忆术往往分为两类，一类是减少编码，另一类是精细编码。减少编码，即减少所学信息的量。例如，在以前，数学教师会教给学童一个看似莫名其妙的词语“SOHCAHTOA”①，以帮助学童记住三角函数的某些规则。精细编码，即增加所学信息的量。例如，另一个学习三角函数的方法是记住一个有趣的短语，“Some Old Horses Chew Apples Heartily Throughout Old Age”②（一些老马热情地嚼着苹果度着晚年）。在这两个例子中，编码技术产生了更易于记忆的信息，与原记忆信息相比。这样的信息对学习者更有意义。

热衷于数字的人有时会感到数字串与自己有着很强的个人联系。这些数字串储存于长时记忆，通过记忆模块而非记忆单个数字的方式，让记忆长数字串变得更加容易。例如，数学或数字爱好者可能会记忆的前四位数，即 3.142。记住后，记忆者便会使用这一信息帮助自己编码其他数字，以利后续记忆。更懂音乐的人可能会发现，如果把某些词语转变成利于记忆的音调，则能提高对这些单词的记忆。

记忆发展

研究一个人从出生到死亡所经历的记忆改变，不仅能揭示记忆随年龄变化的方式，还能揭示正常成人记忆背后的结构和过程。研究记忆障碍还能揭示更多与正常记忆有关的道理。

对外显记忆的研究表明，最年幼的儿童似乎都具备再认记忆的能力，五个月大的儿童似乎已具备基本的回忆能力。可以

① 正弦函数（sine）是直角三角形对边（opposite）与斜边（hypotenuse）的比，余弦函数（cosine）是直角三角形邻边（adjacent）与斜边（hypotenuse）的比，正切函数（tangent）是直角三角形对边（opposite）与邻边（adjacent）的比。取每个术语对应英文单词的首字母。——译者注

② 原理同上。——译者注

这些正在参加考试的儿童已经拥有发展完全的记忆技能，对自己的记忆在不同情况下的表现也有所认知。知识掌握、语言能力，以及脑部神经组织的发育，都对记忆发展十分重要。

说，记忆发展是逐步形成更复杂的编码、获取记忆的策略的过程。在语言使用的初步阶段，儿童会在获取信息项目时，使用语言标签对材料进行更加丰富的编码，并将语言标签用作线索。儿童还会对自己的记忆在特定情况下的表现好坏、对自己记住某些信息的可能性大小形成更好的认知。对内隐记忆的研究表明，儿童早在三岁时便可能已经具备完整形态的内隐记忆。有人认为，儿童过了三岁或四岁，其内隐记忆便不太可能有所发展了。

案例研究

婴幼儿遗忘

几乎没有任何人能够回想起四岁之前发生的任何事情，这一现象也被称为“婴幼儿遗忘”。著名瑞士发展心理学家让·皮亚杰（Jean Piaget）的故事说明，说自己能想起来小时候记忆的人，往往无法证明这些记忆是真实发生，而非后天植入的。

“我最早的记忆——如果是真实的话——发生在我两岁那年。到现在，我依然能够非常清晰地看到下面的场景。直到我 15 岁之前，我一直都认为这是真实的。当时，我坐在婴儿车里，护士推着车子在香榭丽舍大街上走。突然，一个男人想绑架我，我腰间的安全带把我固定在座位上，我的护士拼命地挡在我和歹徒中间，很勇敢。她身上好几个地方擦破了皮，我现在还模糊地记得她脸上的擦伤。然后一群人围了过来，一个穿着短款斗篷、拿着白色警棍的警察走了过来，那个男人撒腿就跑。我现在还记得当时的场景，我还记得这件事是发生在地铁站附近。有一天，我父母收到了一封信，是那个护士写的，她想坦白自己曾经犯下的错，想退回当初我父母送她的那块表。她说，那个故事全是她编造的，身上的擦伤也是她伪造的。因此，我在童年时一定听说过这个故事，我父母还真信了，并把这个故事作为一种视觉记忆，投射进我的过去。”

对于记忆发展背后的因素，人们依然知之甚少。儿童的知识和语言能力无疑是重要的，但生理因素也可能起到核心作用。例如，前额叶神经细胞的成熟速度似乎相对较慢。这一点在某种程度上可以解释另一个不为人所了解的想象，即婴幼儿遗忘（infantile amnesia）。尽管零到四岁是人经历最丰富的时期，但几乎没有任何人能够可靠地回想起四岁之前发生的事。对此，另一种解释是，四岁之前的经历很有可能一直保留在记忆中，但其储存形式使得人接触不到那些记忆。这可能是由于儿童和成人的记忆编码方式的不同。儿童一旦形成成人的信息编码方式，便会丢失先前的记忆。

记忆与年龄增长

每个人的记忆都有犯错的时候。在正常的记忆变化中，年龄只是一个偶然因素，但老人的记忆错误似乎总会自然而然地被归咎于高龄，而不是归咎于正常的记忆变化。几个世纪前，著名学者塞缪尔·约翰逊（Samuel Johnson）就已指出了这个重要的问题，他说："人们总会不善良地认为，老人的智力会衰退。如果一位年轻人或中年人离开时忘记帽子放在哪里，那没什么，但如果忘记事情的是一位老人，大家就会耸耸肩，说：'他老了，记不住事了。'"

鉴于大多数西方国家人口的平均年龄正逐步提高，厘清哪种记忆变化是由高龄引发的显然很重要。然而，有些关键因素需要考虑在内。比较 20 岁年轻人的记忆和 70 岁老人的记忆时，人们需要注意，这之间不仅存在 50 年的鸿沟，更存在各种各样的影响记忆表现的因素。例如，70 岁老人所受到的教育和医疗水平很可能低于 20 岁年轻人的水平。有些研究针对年龄对记忆产生的影响而展开，对这些研究而言，类似因素可轻易改变研究结论。

将一组 20 岁年轻人的记忆与一组同年代的 70 岁老人的记忆相比较，正是跨领域实验设计的例子之一。在一项纵向研究中，心理学家可能要对同样一些人的 20 岁至 70 岁进行追踪，探索记忆随年龄增长而发生的变化。这一纵向实验的方法存在若干优势，因为研究者比较的是同一个人的记忆。然而，也有人注意到一种趋势，即表现更好的人往往会一直参与纵向研究。换言之，在纵向研究中，获得积极反馈的被试会选择继续参与实验，年龄对记忆的影响也会因此显得更加积极。当然，要找到一名能够在长达 50 年的时间里开展研究、分析数据的研究者，也是一大问题。

不过，对年龄与记忆的研究也产生了一些稳定的结果。近年来，工作记忆似乎保持在高效水平，但完成那些需要工作记忆的任务，则变得越来越困难。例如，有一项任务要求对方在看过一组数字后倒着背出来，结果老年人的表现逊于年轻人。但是，如果要求对方将一组数字按原顺序背出，那么老年人和年轻人的表现是一样出色的。

长时记忆的表现随年龄增长而大大下降，在那些需要自由回忆的场合尤为如此。再认记忆的表现维持不变，但越来越依赖于熟悉程度。如果需要背景记忆，则再认表现会随年龄而退化，背景记忆是在再认记忆中更需要回忆的一部分。这一现象意味着，老人在记忆中更易受到暗示和偏差的影响。

内隐记忆的测试方法往往是通过对行为的评估，而非对记忆经历的回忆。研究结果显示，内隐记忆在幼年时成熟，到了老年依然保持出色。

语义记忆的发展似乎贯穿于人的一生，年龄增长也无法使其动摇。例如，人的词汇量往往会随年龄增长而增长。

而前额叶的成熟相对更晚，正如我们所看到的，这与儿童对其记忆能力的认知有关联。亦有证据显示，与年龄相关的记忆发生损失，一部分原因在于前额叶的退化相对较早。前瞻性记忆（prospective memory，指个体能够记住将来要采取某些行动的记忆）与前额叶的功能是有关联的。

脑损伤

研究者很感兴趣的一大领域在于，“正常”老龄现象所引起的记忆变化是否属于脑损伤的信号。例如，“轻度神经认知障碍”被定义为正常老龄现象和完全痴呆之间的一种认知障碍，该症状大多会在五年内发展为完全痴呆。

记忆障碍是认知障碍的典型早期症状，在大多数普通的认知障碍症状（即阿尔茨海默病）中尤为如此。患病初期，受影响的只有记忆，但随着时间推移，感知、语言、中枢功能和前额叶功能等许多其他功能也将受损。与更具选择性的健忘症不同，阿尔茨海默病患者的内隐记忆和外显记忆似乎都会受损。

“遗忘综合征”（amnesiac syndrome）是记忆障碍的最常见类型，与一些特定的脑损伤有关，通常涉及前额叶的两大关键区域，分别是海马和间脑（diencephalon）。患者表现出顺行性遗忘症和一定程度的逆行性遗忘症的症状。顺行性遗忘症，即脑损伤发生后的记忆损失；逆行性遗忘症，即脑损伤发生前的记忆损失。

遗忘症患者一般都具备正常智力水平、语言能力和瞬时记忆跨度，受损的是长时记忆。遗忘症的本质尚有待定论，一些理论家认为是情景记忆的选择性损失，另一些则认为是范围更广的、牵涉陈述性记忆的损失。外显记忆（或陈述性记忆）是指人可以想起并有意识地表达出来的对事实、事件或命题的记忆。而内隐记忆（或程序性记忆）受失忆症影响不大，这一点也是众所周知的。遗忘症患者还能形成新的程序性记忆，即先前未曾掌握的技能或习惯，如杂耍或骑独轮车。换言之，在很多需要内隐记忆或程序性记忆的任务上，遗忘症患者的表现处于或相当接近于正常水平，不论相关任务所牵涉的技能是新学技能还是既有技能。

研究表明，随着年龄增长，工作记忆不会退化，但长时记忆的效率会下降，且往往是逐步下降。有时，老人会很难回忆起最近发生的事，但能清晰回忆早前的事。

总体而言，遗忘症患者虽然可以在其注意跨度内复诵信息，但可能无法在很长的时间跨度上学习新信息；遗忘症患者或许可以保持童年记忆，但几乎不能保持新的记忆；遗忘症患者或许懂得如何报时，但可能不知道今年是哪一年；遗忘症患者或许能很快学会新技能（如打字），但过一段时间后，便会说自己从未用过键盘。取决于脑损伤的精确位置，遗忘症的不同子类型具有不同特征。由此可以看出，因为"书籍"（即陈旧记忆）保存在"图书馆"中，所以遗忘症患者受损的是长时记忆的"印刷厂"（位于海马或间脑）而非"图书馆"（位于大脑皮层）。

> 记忆力受损的一大好处在于，一个人可以频繁地初次感受同样的美好事物。
>
> ——弗里德里希·尼采

取决于脑损伤的位置，不同类型的遗忘症具有不同的特征。

鉴于许多日常活动都离不开记忆，记忆障碍使患者极其脆弱，给患者的看护人员造成很大压力。例如，患者记不住自己问过的问题、做过的事，因此会反反复复地询问同一个问题，相当恼人。外部辅助（如备忘录）有所帮助，但记忆不像肌肉那样可以用健身器材来获得提升。

记忆障碍不太可能由单一因素引发，因此，在临床试验和研究中，针对记忆障碍患者实施多种系统性评估是很重要的。例如，最常见的一种记忆障碍见于科尔萨科夫综合征（Korsakoff’s syndrome），这种障碍不仅影响记忆，还往往会影响其他心理能力。因此，对于记忆障碍患者，要评估认知、注意和智力等其他心智能力，还要评估言语功能和前额功能（中枢功能）。

精神损害

可能不是所有记忆障碍都源于疾病或创伤。有心理学家认为，一些记忆障碍是由精神或情感因素，而不是由脑部神经损伤造成的。例如，在一些案例中，患者进

案例研究

著名的 N.A. 案例

N.A. 是一名广受研究的遗忘症患者，病因是脑损伤，脑损伤的位置特定，性质殊不寻常：“当时我坐在桌边工作……我的室友走进来，把我的一把花剑从墙上拿下来，我猜他在我身后耍帅……突然我感觉背部被敲了一下……我回头……这时他拿剑砍我，正好砍中我的左鼻孔，向上刺穿了我脑部的筛状板区域。”

心理学家韦恩·维克格伦（Wayne Wickelgren）在麻省理工学院的一个房间里与 N.A. 见面，两人之间发生了下面的对话。N.A. 听到了维克格伦的名字后，说：

“维克格伦，听上去是个德国名字，是吗？”

维克格伦说：“不是的。”

“爱尔兰名字？”

“也不是。”

“斯堪的纳维亚的名字？”

“对的，是斯堪的纳维亚的名字。”

维克格伦与 N.A. 交谈了五分钟，然后离开。五分钟后，维克格伦返回房间。N.A. 望向他，像是第一次见到他一样。维克格伦被介绍给 N.A. 之后，两人之间发生了与上面一模一样的对话。

N.A. 仍持有对语言的记忆，能够理解他人言语，能够做出理智的回答。他的短时记忆足以让他在交谈时记住对话内容，但他似乎丧失了长时间保持信息的能力，即他不能将信息存入长时记忆。这是遗忘症的核心特征之一。

入了游离状态（dissociative state），与自身记忆完全或部分脱离。游离状态的一个例子就是神游状态（fugue state），处于该状态的患者对自己的身份一无所知，同时也丧失了与身份有关的记忆。患者通常不会意识到什么地方出了问题，且往往会使用新的身份开始生活。只有当触发神游状态的事件过去数天、数月甚至数年之后，患者才会“猛然发现”自己处于神游状态。

根据部分心理专家的定义，游离状态的另一种形式是多重人格障碍，即患者会出现若干个不同人格，分别掌控其生活的不同方面。这一症状往往与刑事案件有关。

1977 年发生于旧金山的“山腰绞杀者”案就是一个例子。肯尼思·比安基（Kenneth Bianchi）被控强奸、杀害数名女性。尽管铁证如山，但比安基拒不认罪，声称不记得自己犯过罪。比安基被催眠后，其另一人格史蒂夫（Steve）出现，承认了强奸杀人的罪行。

但当比安基苏醒后，他声称不记得史蒂夫和催眠师之间的任何对话。如果一个人存在两个或两个以上的人格，那么便会产生法律问题：被告人应该是谁？本案中，法庭做出了不利于比安基的裁决，因为法庭不相信比安基有两套人格的说法。

审讯中，检方心理学家指出，在与比安基谈话期间，比安基的另一个人格会按照催眠师的要求出现。因此，催眠后产生的效果，有可能是催眠师要求比安基“出现另一个人格”的结果，比安基有可能凭此脱罪。另外，检方还指出，比安基对心理疾病有着大致的了解，尤其对多重人格症状有很多了解，这当然使得他能够给出以假乱真的答复。

由于情节实在惊人，多重人格障碍很快成为媒体关注的焦点，许多聚焦个体案例的著作也一一问世。电影《三面夏娃》（*The Three Faces of Eve*）和《一级恐惧》（*Primal Fear*）的情节正是基于多重人格障碍而开展的。《一级恐惧》中，杀人嫌犯凭着多重人格障碍的理由成功脱罪。

现实世界中，记忆损失似乎可以伪装，即某人会故意表现出低于实际水平的记忆。伪装与否很难辨别。伪装记忆损失可以是为了经济利益，也可能是为了获得看护人员的关注。伪装记忆损失的另一理由，也许源于潜意识。

焦点

评估记忆障碍的工具

心理学家使用许多标准工具（即“心理测量”）对记忆障碍患者进行评估。韦氏记忆量表（Wechsler Memory Scale）和韦氏成人智力量表（Wechsler Adult Intelligence Scale）对遗忘症患者的评估均有帮助。两个评估的得分之间往往有巨大差异，这意味着遗忘症患者在记忆方面而非智力方面有障碍。

为确定智力是否会因临床记忆障碍而大幅下降，评估人员会使用韦氏成人智力量表得出患者目前的智力水平，然后将得分与患者患病前的智商相比较。

韦氏记忆量表和韦氏成人智力量表的内容会根据当前正常健康人口的状况而定期变化、标准化，这意味着两项测试可针对普通人群开展，其结果也可与普通人群的结果相比较。量表经过设计，其对普通人群的平均值为 100，标准差为 15。85 分意味着比普通人群低一个标准差。

然而，韦氏记忆量表不具有综合性，评估人员也应使用其他测试，如久远记忆测试和再认测试。针对记忆状况而设的问卷也能产生有价值的信息，这些信息是临床心理测量所无法得出的。患者的护理人员或监护人可将患者每天遇到的困难告知评估人员。

第六章　语言处理

语言，即人类思维的传记。

——马克斯·马勒（Max Muller）

语言是人类区别于其他一切动物的显著标志。有心理学家提出，人一生下来便具有学习语言的能力，因为婴儿学习语言的速度特别快。语言能力发展的时间进程是可以预测的。语言能力要走向成熟，离不开丰富的语言环境。随着时间推移，语言研究的重点也在不断变化：从语言的哲学含义，发展到语言处理的认知和感知模型，再发展到语言和大脑之间关联的研究。

众所周知，听懂口语、看懂文字，比辨别脚步声或分辨苹果和橘子要复杂得多。语言与其他事物的不同之处在于语言是人类最强大的沟通工具。借助语言，人类不仅能交流观点、感受，还能交流文化、生活方式和世界观。人人都具有语言能力，

要点

- 人类是唯一能够产生语言的生命体。其他物种也会交流，但交流方式比人类语言要简单得多。部分科学家认为，猩猩能够以类似人类的方式学习和使用语言。
- 语言的一大重要特征是句型，句型是联结词语、形成含义的规则。
- 语言的结构就像积木，包含语言单位（语素）和语音单位（音素），两者相互结合，形成词语。
- 童年是语言接触和产出的关键期。
- 乔姆斯基（Chomsky）称，人生来就有学习和使用语言的能力，即语言习得机制（Language Acquisition Device）。
- 言语感知和阅读，涉及一系列转符号为含义的复杂过程。
- 通过对脑损伤患者开展神经影像学研究，科学家发现，大脑左半球和语言处理有关。
- 萨丕尔-沃尔夫假说（Sapir-Whorf hypothesis）的中心点在于语言决定论（linguistic determinism）。语言决定论认为，人的思考方式由语言塑造、受语言局限。语言决定论争议很多，其温和形态更为今人所接受。

上图是摩洛哥人相互交谈的场景。世界各地的语言不同，但语言是人类区别于其他一切动物的显著标志。婴儿学习语言的速度特别快，使得部分语言学家认为，语言学习的能力是先天的。

同时语言也构成人与人之间的差异。例如，人类有多种多样的语言、方言和口音。语言功能是人类区别于其他一切动物的显著标志。

尽管动物也有交流系统，但动物间的交流远不如人类语言那样复杂。

非人类物种的语言

很多非人类物种也具备强大的信息交流体系，实现种群内部的交流。例如，昆虫会释放一种叫信息素的化学物质，从而和相同物种实现交流。蜜蜂也会用肢体语言交流，它们回到蜂巢时会表演复杂的舞蹈，以此告知其他蜜蜂食物的方位和食物的量。研究发现，蜜蜂的舞蹈由独特的舞步组成，有多种组合方式，能表达丰富多样的信息。

猩猩的语言是最复杂的动物语言之一。人们曾试图教猩猩说话，但无功而返，因为猩猩缺乏必要的发声器官。然而，实践证明，猩猩能学会手语。

动物的交流体系远不如人类语言那样复杂。这些蚂蚁通过释放化学物质、留下轨迹的方式，向同伴传递信息。这样的信息只能表达基本内容，不能像人类语言一样表达对世界的感受、哲学概念等复杂观点。

20 世纪 60 年代，黑猩猩“华秀”（Washoe）成了第一只参与语言习得实验的猩猩。它在四年的时间内学会了 132 种肢体动作，能够将几种动作结合起来表达含义，表达出的含义与幼童说出的句子片段相似（如“多点水果”“华秀对不起”等）。

另一只著名的黑猩猩“萨拉”（Sarah）

焦点

什么是语言

语言的定义不止一个，不仅随心理学、认知科学、语言学和哲学等领域而变化，还随时间推移而变化。举例如下。

语言不是本能，而是通过自觉产生的符号来交流观点、情感和欲望的方法，语言只属于人类。

——爱德华·萨丕尔
（Edward Sapir）

语言是一组有限或无限的句子，每个句子长度有限，组成部分亦有限。

——诺姆·乔姆斯基
（Noam Chomsky）

语言，即交流方式，一般通过说话来实现；语言表达具体的意义，语言的组织是基于规则的。

——帕帕利亚·奥尔兹、
温科斯·奥尔兹
（Papalia and Wendkos Olds）

语言是有组织的符号体系，符号间有着共通的含义，符号是用来交流的。

——莱尔·E. 伯恩
（Lyle E. Bourne）、
南希·费莉佩·拉索
（Nancy Felipe Russo）

这些定义尽管有差异，但都一致认为，语言涉及一个按照规则组织的符号系统，以创造对使用者和接受者来说具有共同意义的信息。

学会将塑料制成的符号与名称、动词或事物间的关系相联系（如“……是……的颜色”）。它可以在磁力板上移动代表符号的磁铁，组成类似于“萨拉把苹果放入菜肴”的简短句子。它能将句子中的一个词语换

20 世纪 60 年代，黑猩猩“华秀”成了第一只参与语言习得实验的猩猩。它在四年的时间内学会了 132 种肢体动作，能够组成简单句。相关实验能否证明猩猩可以像人类一样学习语言，仍有争议。猩猩对词语的正确结合，有可能只是出于机缘巧合。

成另一个词语，从而产出新的含义，例如，将“兰迪给萨拉苹果”转换为“兰迪给萨拉香蕉”。有时，它还能运用条件关联词来表达含义，例如，“如果……那么……”

此类研究证明，动物有能力进行成功的交流。部分动物甚至还能通过与人类相似，但更简单的方式来学习、运用语言。这是否意味着黑猩猩具备学习语言的能力呢？如果是这样的话，那么伊万·帕夫洛夫（Ivan Pavlov）说：“人类的独特性在于言语。”那么这是不是说黑猩猩就是人类呢？

> 动物没能产生语言，是因为语言的产生本身是偶然事件，还是因为动物本身就没有学习语言的能力呢？
>
> ——特雷弗·哈利（Trevor Harley）

在很多科学家看来，黑猩猩能用语言交流的证据，并不代表动物的语言能力能与人类同日而语。科学家指出下面几个局限性：第一，猩猩的语言行为可能只是复杂的模仿行为，而不是真正的语言处理行为；第二，猩猩不会自发地发展语言能力，被教授语言的猩猩在产出语言时，没有体现出很大的创造性；第三，猩猩学习语言的速度缓慢，需要小心训练，无法以灵活的方式做出语言回应。

对猩猩语言能力的争论远没有结束。很多人依然相信，猩猩能够学会一门类似于人类语言的语言，猩猩和人类之间的差异仅仅是程度的差异而已。从这个角度来看，猩猩能够学习语言，但不能达到人类的水平——猩猩能够获得两岁半幼童的理解技能。这些人的核心论点是，猩猩有时能够根据特定的排序规则，对符号进行结合，例如，“香蕉在橘子后面”和“橘子在香蕉后面”。猩猩对词语的组合，究竟是有条理思考的结果，还是机缘巧合的结果，这一点尚不明确。然而，这个问题引出对语言定义的一大关键概念——对词语进行组合的方式。

句型

对动物语言的研究显示，语言最重要的特征在于多个词汇组合起来发挥作用的方式。例如，英文词语“Mary”（玛丽，人名）、“Paul”（保罗，人名）和“pushes”（推，动词）可通过两种不同方式相组合，得出两种不同的含义：“Mary pushes Paul”（玛丽推保罗）和“Paul pushes Mary”（保罗推玛丽）。这两句话所包含的词语是一致的，但词汇排列的顺序不同，使得句意也不同。词序和句意之间的关系由一些规则决定，每个语言都具有这样的规则，规则数量有限。对词语如何组成形式正确的句子结构做出规范的规则被称为“句型”（syntax）。

> 任何语言都是一套容量有限的系统，不同程度的创意、无限变化的情境，都适用于这套系统，人们使用的大多数词汇和短语都是“预制”的，人们不用每一次开口都创造新词。
>
> ——戴维·洛奇（David Lodge）

每一条规则都能让人创造出不计其数的句子，创造的方法很简单，只要替换句子中的某一个词语就可以了（例如，“John pushes Bill”，约翰推比尔；“Bill watches Mary”，比尔看玛丽）。规则的数量是有限的，规则适用的词语数量也是有限的，但通过规则能够生成的不同含义却是无限的，这便是语言的独特之处。

那么，学语言究竟是学些什么？围绕句法规则展开的交际体系即被称为“语言”。因此，学习语言、发展语言能力，就是学习、运用句法规则。举例而言，任何想合理宣称自己懂一门语言的人都必须理解三大方面：一是“Cats like birds”（猫喜欢鸟）和“Birds like cats”（鸟喜欢猫）的区别；二是“The cat catches the fish”（猫捉鱼）和“The fish is caught by the cat”（鱼被猫捉住）的对等性；三是“The woman who saw the officer arrest the robber who stole the bag that belonged to the student pulled her curtains.”（那个看到警察逮捕了偷了学生背包的劫匪的女人拉上了她的窗帘）的含义。

语言的结构

句子让人们得以完整表达观点和想法，在语言中起到关键作用，句子传达有意义的信息，即“语义信息”（semantic information）。

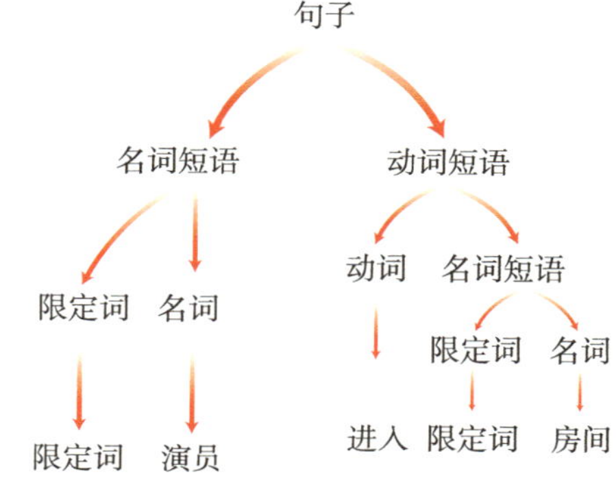

上图显示“句法结构树”在“the actor entered the room”（演员进入房间）句子中的运用。名词短语包括“the actor”（演员）和“the room”（房间），而动词短语是“entered the room”（进入房间）。这个句子还能进一步被拆分为一个个词语，如限定词“the”，名词“actor”“room”，以及用于描述动作的动词。

句子由若干词语构成，词语的组织由句法规则决定。词语本身由词素（morpheme）组成，词素是最小的传递信息的语言单位。例如，“blueish”（青色的）一词便由“blue”和“ish”两个词素组成。很多词语只包含一个词素（如“tree”，树；“person”，人）。组合词素、形成词语也需要遵循规则。例如，词素“un-”加在动词前面，起到的效果便是撤销、逆转动词所表达的动作，（如，“untie”，解开；“unleash”，释放）。

音位（phoneme）是构成词语的声音。每个音位都由一个常规的符号代表。例如，“bat”一词便由 /b/、/æ/ 和 /t/ 三个音位构成。“bat”和“pat”的唯一区别就是第一个音位不同（/b/ 和 /p/）。每种语言都有一套独特的音位。有些音位是许多语言所共有的（如 /b/、/p/、/t/），而另一些音位只对小部分语言适用（如非洲南部地区科依桑语系的搭嘴音）。一个语言的音位可少可多，少至11个（印度–太平洋语系的罗托卡特语），多至 141 个（科依桑语系中的 !Xu 语）。

英语约有 40 个音位。尽管一连串音位可代表一个词语（如 /kritik/ 代表 critic），但惯常做法是将若干音位组合成音节（如 /kri · tik/）。音节（syllable）高于音位，是包含元音或辅音，或元音辅音相组合的语音单位。每个音节都与一个特定的发音动

焦点

诺姆 · 乔姆斯基：语言学习的倾向

针对句型在语言中的重要性，诺姆 · 乔姆斯基是这方面最具影响力的倡导者。乔姆斯基声称，言语交流是一门极其复杂的技能，但儿童能迅速掌握，其中一定有奥秘，而他认为这一奥秘在于人与生俱来的学习、运用句型的能力。人一出生便具有理解交流规则，并将之付诸实践的倾向。人们应当相信这套理论的一大原因在于，儿童成长初期所接触的言语环境，根本不足以让儿童学习语言的复杂性。成长初期，儿童听到的句子大都是不完整的，有时甚至是错误的。最重要的是，儿童所能听到的句型结构太少了，根本无法对句型产生自己的概括。乔姆斯基说，人生来就具有某种语言习得机制或“通用语法”（universal grammar），这让人能够轻松地开始学习语言。黑猩猩和其他非人类物种大概不具备这种与生俱来的能力。

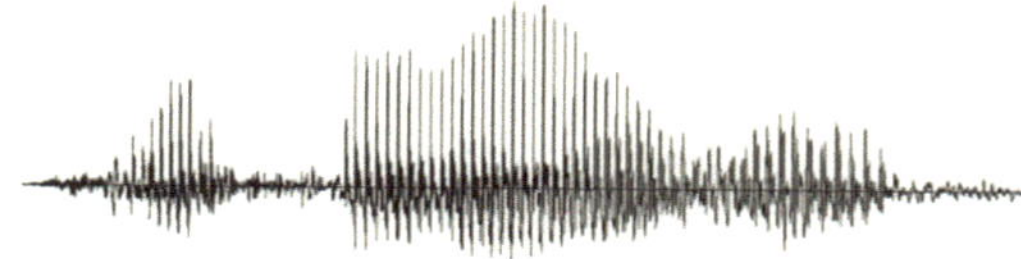

上图显示人说话产生的音波，由计算机生成。人说话产生的振动使气压产生变化，这样的变化被计算机录了下来。每个音位或语言单位均由不同的模式所代表。

作相对应，在这种动作中，肺部所产生的气压增加量会以一次胸部搏动的形式释放出来。元音是音节的核心，每个音节中，核心元音前可添加最多三个辅音（“前置辅音群”），核心元音后可添加最多五个辅音（“后置辅音群”）。音节在言语产出和感知中起到核心作用，对言语处理十分重要。

音节在词语中的排列是有规则的，这类规则被称为“音位配列”（phonotactic rule）。例如，英文词语可以以“ng”（“sing”中的“ng”）结尾，但不能以“ng”开头。同样，在单词的开头部分，/b/ 不能接在 /p/ 的后面。例如，“pbant”一词是不符合音位配列的。与音位有关的规则随语言而异。

语言不只是音位、音节、词语和句子这么简单。表达许多含义的韵律（prosody）、重音和语速等“超音段音位”也很重要。“I like jello”（我喜欢果冻）这句话中，重音放在“I”（我）和“like”（喜欢）上，会表达不同的含义，前者强调“我比其他人更喜欢果冻”，后者强调“我”并非不喜欢果冻，而是“喜欢”果冻这件事。如果把重音放在句末，即提高句末的音调，那么这句话将从陈述句变成问句，从而改变句意。此外，韵律也是一种重要的信息。此处“韵律”的概念意为旋律和重音结构。重读某个单词第一或第二个音节，足以改变这个词语的含义（例如，“refill”一词的“re”重读时，词性为名词；“fill”重读时，词性为动词）。学习外语的人可能会把词语的重音弄错，从而贻笑大方，有碍他人理解。

图中一名播音员正对着话筒说话。播音员说出的词语包含音位或语音。规范音位使用方式的规则被称为句法规则。句子和词语可分为词素，词素是有意义的最小语言单位。

关键术语

- **词素**（morpheme）是表达含义的最小语言单位，通常是一个词语，但也可以是词语的一部分。
- **心理词典**（mental lexicon）是一个语言中个体懂得的所有词语。
- **音位**（phoneme）是相互组合形成词语的言语单位，以常规符号显示，如 /b/。
- **音节**（syllable）高于音位，是包含一个元音或核心元音以及一个或多个辅音，或元音辅音相组合的语音单位。
- **韵律**（prosody）是口头语言的韵律和重音。
- **句型**（syntax）对词语如何组成形式正确的句子结构做出规范。
- **语法**（grammar）是对语言结构（如词形变化、句型）做出规范的规则体系。
- **音韵学**（phonology）是围绕语音的一门科学、针对语音的一种描述。
- **语言能力**（linguistic faculty）是产生言语、理解语言的能力。

将语言分为句子、词语、音节、音位和重音、音调等分析特征，能够帮助人们组织知识，是有用处的。更重要的是，这一分类反映出语言处理体系的关键差异。对每个层次进行分析，需要不同的感知技能和处理技能（如感知音位、切分音节等），还要唤起不同类型的记忆（如发音、心理词典、句型理解等）。这些语言水平可能由不同的脑区控制。

语言与大脑

每一个人的感知功能、心理功能和运动功能都由大脑处理，但语言处理的功能究竟是分布于整个大脑，还是由大脑的某一个区域专门处理呢？大脑的某个部分受损，会不会损害整个语言功能呢？抑或是说，只要不伤及脑中的特定区域，那么就算伤势再严重，也不会影响语言能力吗？

针对大脑和语言之间关系的科学知识来源于两个方面，一是针对语言能力受损的脑损伤患者的神经心理学研究，二是脑成像研究，即监视健康人士在进行语言处理时的脑活动。弗朗茨·加尔（Franz Gall）是第一位将大脑区域与特定功能相关联的科学家。事实证明加尔是对的，大脑区域的确与特定功能相关。不过，加尔没能将各个大脑区域与认知功能之间建立正确的

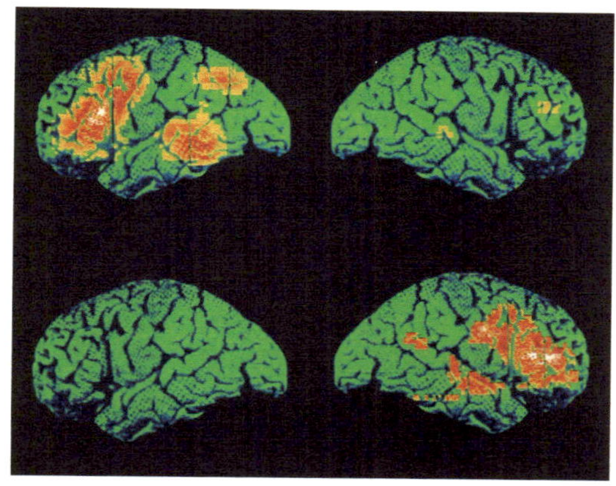

被试为右撇子，生成图中的脑成像时，其正在思考有哪些动词可与自己听到的名词相关联，该行为属于词汇认知的范畴。脑活动由血流测量，以红色和黄色表示。

对应关系。

失语症（aphasia）是脑损伤所造成的最常见的语言障碍。病理学家保罗·布罗卡（Paul Broca）观察到了最早的失语症患者。非流利型失语症（nonfluent aphasia）是失语症的一种，患者语速缓慢，说话费力、不流畅，一般由大脑运动皮层的损伤引发（如脑血管意外、肿瘤、大出血或贯穿性脑损伤）。运动皮层位于左前额，也称“布洛卡区”（Broca's area）。约四分之一的贯穿性脑损伤会引发失语症。失语症的发病率约为二百分之一，多见于男性。所有患者中，约有四分之一会在三月内痊愈，另有四分之一仍会在几年之后受严重影响。

远离布洛卡区的脑损伤，会对言语造成不同的影响。左颞叶和顶叶的联合区所受的损伤一般会引发接受性失语症（receptive aphasia），又称“韦尼克失语症”（Wernicke's aphasia），以德国神经学家卡尔·韦尼克（Carl Wernicke）的名字命名。

这种情况的特点是患者很难理解言语，包括那些相对流畅的言语。因此，与非流利性失语症患者相反，接受性失语症患者无法理解他人的话，却能够做出回答，并且滔滔不绝，然而回答的内容往往与问题无关。

科学家已经发现许多与特定脑区相关的其他语言障碍。例如，传导性失语症（conduction aphasia）的患者难以复述词语（例如，把“bubble”说成“pubble”），但理解言语的能力相对较好。此症状往往由弓状束病变或损伤引发，弓状束连接布洛卡区和韦尼克区。

部分失语症患者会出现语法缺失症的症状，难以造句，只能说出功能性词语（如，“彼得……来……晚上”），而且会搞错词语的顺序。还有一种比较相似的症状被称为杂乱性失语症（jargon aphasia），继发于韦尼克区病变，患者难以获取自己想说的词语，继而用自己编造的词语取而代之（例如，用“stringt”代替“stream”，用“orstrum”代替“saucepan”，用“stroe”代替“stool”），但患者往往能使用正确的句型结构。

不是所有“语言处理区域”发生的病变都会引发语言障碍。相反，有些语言障碍是由“非语言处理区域”引发的。然而，从整体来看，语言能力由特定脑区负责、而非分布于整个大脑的观点，受到了神经心理学研究领域的强烈支持。此外，语法缺失症、杂乱性失语症等选择性语言缺陷是由特定脑区损伤所引发的。这说明，某些特定的语言功能可能位于特定的脑区，这一点也得到了当今科学家的普遍认可。

神经影像研究

神经影像或脑成像技术，使活生生的大脑以图像形式呈现在人们面前。就像神经心理学研究一样，神经影像亦显示，左脑对语言任务的参与比右脑更积极。神经影像还显示，人脑处理音韵、韵律、句型和语义时，会激活不同的脑区。然而，有个问题在于，在不同的研究中，同一语言处理过程所激活的脑区也不同。这可能是因为并非所有的研究都使用相同的刺激物和提出相同的任务。科学家往往会说，每项研究在一个特定条件下都会关注不同的方面。因此，需要在数目繁多的研究中归纳出一个代表整体的“大局”，但这件事迄今都没有做到。

总而言之，如果大脑内部存在所谓的“语言处理功能”，那么这一功能很有可能存在于左半球，且只有人类才具备这一功能。不过，某个特定的语言能力不太可能只由某些脑区完全独立控制，也不太可能出现某些脑区只会处理一种任务的情况。各种语言任务对脑活动的需求，是有很大重合的，而这样的重合因人而异，因刺激物而异。

语言理解

理解口头语言是一个迅速、自动的过程。每天，人们听到的词语和句子数以万计，一听到这些言语便能瞬间理解。口头语言的理解看似十分简洁和轻松，但实际上需要掌握大量语音、词汇和语法知识，需要精心训练而成的听力技能和信息处理技能。语言处理可以在感知、词汇、句子和语篇这四个层面上进行描述。

句子处理，需要句型（语言结构）和语义（给音位赋予的含义）。在实现信息的交互处理时，这些层次会以极快的速度相互反馈，尽管这些层次密不可分，本章仍会对这些层次分别展开阐述。

言语感知

理解言语的整个行为，起始于对气压变化（即声音信号）的感知，结束于信息的完全整合。在语言处理的开始阶段，人的感知系统需要将声音信号解读为一系列音位。可是，将声音信号绘制成40个以上的英语音位，比看上去要复杂得多。音位并没有各自的“声音特征”，这是聆听言语的人必须处理的一大难题。例如，音位 /s/ 在“sue”和“see”中的发音是不同的。由于 /s/ 后接的元音不同，念“sue”时嘴唇呈圆形，念“see”时嘴唇呈扁平形，进而造成了音位 /s/ 发音的不同，这一差异体现在声音信号的差异上。由此可以看出，音位 /s/ 的声音特征不只有一个，而是有很多个。

声音信号和音位的区别，迫使人的感知系统将每一个音位与其周围的音位相比较，以此对每一个音位进行分析。换言之，人们需要知道音位是怎样相互协同或结合的，这样才能明白自己听到的是哪个音位。尽管如此，人们还是能处理声音信号之间的声学差异，这让部分科学家认为，与感知其他声音（如音乐）的方式相比，人们感知言语的方式一定具有特别之处。人们一定具备某种特殊的能力，能够快速了解声音相互协同的方式，从而解决声音感知的问题。自20世纪50年代起的50年时间里，哈斯金斯实验室（Haskins Laboratory）的阿尔文·利伯曼（Alvin Liberman）及其同事在纽约和纽黑文市开展了研究，并构思出了言语感知的运动理论，该理论提出了一个大胆的假设：人们能够感知声音，是因为人们知道怎样发出声音。

词汇提取

人一旦将声音信号解读为一系列音节，便能开始词汇提取（lexical access）的过程。词汇提取是将一系列音节与各种可能的词汇相匹配的过程。不幸的是，在真实的言语环境中，词与词之间几乎没有清晰的停顿。言语的声音信号是连续的，所以从理论上来说，一个人是可以将“let us”（让我们……）误听为“lettuce”（生菜），将“bloody cable”（带血的线缆）误听为“decay”（腐败）。这就是为什么词汇提取必须与“分词”（word segmentation）这一过程共同进行。研究表明，聆听言语的人会使用感觉、发音、重音、停顿等不同类型的信息，在声音信号中对词语的界限进行定位。

如果将“bloody cable”中连在一起的音节“dy”和“ca”误听为“decay”，那么还会剩下“bloo”和“ble”这两个毫无意义的词语，所以在实际生活中，人们不太可能经常犯这一错误。

一般而言，人们更喜欢那些能产生真实词汇和有意义句子的分词方式。正是因为人们知道“bloody”（带血的）和“cable”（线缆）两个词的含义，所以人们才能正确地将这两个词语从言语输入中分离出来。

同样的音位，如果放在词首或词尾，发音就会改变。比如，请注意“gray ship”（灰船）和“great ship”（好船）两个词组之间在发音上的差别。人们的感知系统能够捕捉这样的区别，能将其解读为词和词之间的边界。

> 每个句子的结构，都是一堂逻辑课。
>
> ——约翰·斯图尔特·米尔
>
> （John Stuart Mill）

英语中，以音位 /z/ 开头的词汇比 /k/ 或 /s/ 开头的词汇要少得多。同样的道理，大多数英语词汇以重读音节开头（例如，“painter”，油漆匠；“table”，餐桌）。这样的规律还有很多，对人们切分声音信号的行为产生影响。例如，人们一听到重读音节，往往就会认为说话人正在说出一个新的词语，这样一来，人们有时就会错误地分词，比如，把“a tension”（一种紧张的状况）误听为“attention”（注意）。如果人们正确分词，便能正确地识别声音信号。

下一步，聆听言语的人便需要在句子情境内理解词语的个别含义。句法分析是句子理解的关键一步，需要考虑词序等有关信息，来判断句子的主语、宾语等成分，还需要将每个词语与适当的语法种类（名词、动词、形容词和副词）相关联。“狗追猫”和“猫追狗”之间的差异会在句子分析阶段显现出来。要意识到这样的差异，通常需要运用与句法规则相关的知识。但是，有些句子就算厘清词序，其句意仍然含糊不清。例如，在“Proud parents and children joined in for a song”（“骄傲的家长们和孩子们共同歌唱”）这句话中，感到骄傲的人是否包括孩子们，这一点并没有说清楚。重音、强调和间隔等韵律上的线索可能会对理解有帮助。如果感到骄傲的只有家长们，那么“parents”（家长们）一词后面会有短暂停顿，“parents”一词的发音会呈减慢趋势，“children”（孩子们）一词的重音且首音节的音调会更高。

听到句子的开头部分时，人们往往不知道接下来的内容是什么。同样，当听到句子的末尾部分时，人们也不能使时间倒退，再听一遍开头部分。言语的有序性对人们理解、处理句子的时程很重要。想象一下有人说出这句话："The horse raced past the barn fell"。当听到"fell"这个词的时候，人们往往会把"raced"视为动词短语的一部分，而非主语名词短语的一部分，因而认为这句话的结构不正确。之后，人们需要重新解读这句话，将"raced"视为被动分词，从而将这句话解读为"The horse, which was raced past the barn, fell."（这匹奔过马厩的马摔倒了）。有时，人们需要多花半秒钟才能读懂"花园小径句"。

案例研究

花园小径句

花园小径句（garden-path sentences）看似有文法错误，且容易被误读。但实际上，花园小径句的文法是正确的，只是不太漂亮而已，因为其句型模棱两可，误导读者，会像老话说的那样"将读者引向花园小径"。

有了花园小径句，心理学家便可形成理论，论述人们理解、处理句子的方式。下面是花园小径句的一些例子。

The man who hunts ducks out on weekends.

The cotton clothing is usually made of grows in Mississippi.

I kissed Joan and Mary laughed.

Fat people eat accumulates.

She told me a little white lie will come back to haunt me.

That Jill is never here hurts.

The man who whistles tunes pianos.

We painted the wall with cracks.

I convinced her children are noisy.

译者注

例句一：The man who hunts ducks out on weekends.

看似的含义：那个捕猎鸭子的人在周末出门。（若此含义正确，则原句中 ducks 和 out 之间应加上 is。）

实际的含义：那个打猎的人在周末不见踪影。

例句二：The cotton clothing is usually made of grows in Mississippi.

含义一：棉衣通常用密西西比的农作物

制作而成。

含义二：通常用来制作衣物的棉花生长在密西西比。

例句三：I kissed Joan and Mary laughed.

看似的含义：我亲吻了琼和玛丽，笑了。（若此含义正确，则原句中 Mary 和 laughed 之间应加上 and。）

实际的含义：我亲吻了琼，玛丽笑了。

例句四：Fat people eat accumulates.

看似的含义：胖子吃的东西越积越多。（若此含义正确，则原句句首应加上 what。）

实际的含义：人们吃的脂肪越积越多。

例句五：She told me a little white lie will come back to haunt me.

看似的含义：她跟我讲了一个小小的善意谎言，这个谎言之后会困扰我。（若此含义正确，则原句中 lie 和 will 之间应加上 which。）

实际的含义：她跟我讲，一个小小的善意谎言会在之后困扰我。

例句六：That Jill is never here hurts.

含义一：那个吉尔从来不会出现这个部位的疼痛。

含义二：吉尔再也不会出现在这里了，令人心痛。

例句七：The man who whistles tunes pianos.

看似的含义：那个口吹小调的人会弹钢琴。（若此含义正确，则原句应为“The man who whistles tunes plays piano”。）

实际的含义：那个吹口哨的人会调钢琴。

例句八：We painted the wall with cracks.

含义一：我们给那堵有裂痕的墙上了漆。

含义二：我们给那堵墙涂上了有裂痕的图案。

例句九：I convinced her children are noisy.

看似的含义：我被说服了这一点——她的孩子很吵。（若此含义正确，则原句应为“I am convinced that her children are noisy”。）

实际的含义：我说服了她这一点——孩子是很吵的。

语篇处理

若干句子组合成一个语篇或一篇有逻辑性的叙述时，便能创造出包含若干要点的丰富信息。然而，人们的记忆容量不允许人们记住语篇所包含的每一个词语。相反，人们只能记住关键词和关键点。人们怎么做到这一点，是语篇处理专家的研究主题。

一个过时的观点是，信息处理完全是一个自下而上的过程。在这种观点中，语篇内的每一个词语都要被提取出来，每一个词语的含义都被赋予同等的权重。但是，这一假设存在的问题是，它并没有解释为何我们有时可以预测一句话接下来的内容。例如，当人们听到“英国的交通情况不错，但美国人来英国之后会疑惑，为什么车都开在……”人们很有可能会预期，这句话接下来要说“为什么车都开在左边”，但人们不会想到“为什么车都开在右边”或者“为什么车都开在人行道上”之类的内容。

图中的人们正举行一场商务会议。针对人类处理言语的方式，以及现代技术对理解能力的影响，存在着许多心理学理论。预先对语言使用和交谈内容的掌握，对语言理解很重要。

“自上而下”的理解模式是语篇处理的

焦点

机器言语识别

在过去几十年，各种科幻小说都在设想一个人类使用机器交流的世界。今天，随着基于言语的用户界面的不断涌现，这一点正在成为现实。人们现在可以从应用商店购买、安装言语识别软件。美国英语、西班牙语和中文普通话是言语识别软件的最常见语言。言语识别软件至少要具备下列能力中的两个。

说话人泛化（talker-generality）：要对众多用户起作用，言语识别软件不应局限于一个人的语音，而应该能够识别任何人的话语，不论说话人的口音、语速、年龄、性别等特征如何。

领域泛化（domain-generality）：目前的言语识别软件往往局限于某个特定的领域，如天气预报、航班查询或医学诊断。多样性原则要求软件能够识别更广范围的词汇。

言语细分（speech segmentation）：言语识别软件应能识别自然语言，而在自然语言中，词与词之间几乎不存在清晰的界限（如停顿）。解决这个问题的一个简单的方法就是要求说话人在每个词语之后予以停顿，但更好的一个方法是对软件本身做出提升，让它在识别语音时能够将连续的言语输入细分为词语。

一大要素，该要素使得人们能凭借自己对语言、世界和话题的知识来填补空白。

20 世纪 90 年代，心理学家沃尔特·金奇（Walter Kintsch）提出了一个语篇处理理论，该理论首次提出将语篇压缩为几个要点，如“现在是六点钟”“一位女士需要面包”“她去了面包房”“面包房位于一条热闹的街道上”“这位女士和烘焙师吵了起来”。这些要点存储于短时记忆，而长时记忆中的自上而下的信息能够完善这些要点的细节内容。例如，人们都知道，在热闹的地方，商店总是关得很晚，而由于这位女士脾气很差，所以跟烘焙师吵起来也不足为奇。最终，将短时记忆中的要点（自下而上）与从长时记忆中得出的推论（自上而下）结合起来，形成一篇线性的叙述，其中大多数细节已经丢失。

阅读

就像言语理解一样，阅读牵涉一系列精密的过程。要想阅读，人必须拥有将书面符号识别成字母、将字母组合起来识别成词语、在心理词典中查询词语并提取其含义的能力。进一步的阅读过程还包括使用句法规则来理解句子、从长时记忆中推理并理解整个文本。许多更高层次的过程（如句法处理）对口语和书面文字的识别都是通用的。然而，口语识别和书面文字识别之间有着重要的差别。

这两者之间的主要差异在于信息到达感官的方式。声音转瞬即逝（也称“快衰落”，rapid fading），声音信号十分短暂，不受聆听者的控制。但是，写在纸上的东西会一直停留在纸上，随时供人取用。这样的差异会影响阅读所使用的感知机制。例如，阅读文字的人如果有需要，可随时将目光跳回到先前的文字。

正在学习阅读的孩子并不知道阅读这一过程有多复杂，对最基本的阅读能力背后的复杂性也一无所知。

另一大基本差异在于，口语已有至少30 000年的历史（至今仍有研究争议），但相比之下，最早的书面文字只能追溯到6000年前。同样，幼童能够自然而然地理解、产出口头言语，可要想拥有读写能力，便需要长时间、正式的努力训练。

最后，在书面句子中，词语和词语之间有着清晰的界限，与口头言语有所不同。写下来的词语被空格所分隔，但正如上文所述，在口头言语中，由于发音之间相互协同，词语之间的界限是很模糊的。由此可见，口头言语处理的关键因素“分词”

焦点

人眼是怎样扫描文字的

阅读时，人眼似乎能流畅地以从左到右的顺序在句子间移动，一次识别一个词语。然而，针对眼睛移动的研究却给出了截然相反的发现。研究显示，在阅读过程中，人眼实际上会从一个地方迅速跳到若干音节以外的另一个地方，每次跳跃大约持续15毫秒，跳跃期间不会有阅读活动，但跳跃完成后，人眼会在一段时间内相对稳定地停留在某个地方，这一时期也称“固定期”（fixation），阅读活动发生于固定期。对于阅读能力强的人来说，固定期的时长在100毫秒至400毫秒间，但对于阅读能力弱的人来说，这一时长也许会远超500毫秒。

人眼并不是随机地选择停留的对象。人眼往往会停留在长词和实词（名词、动词和形容词）而不是短词和功能词（冠词、连词和介词）上。这一选择是由阅读的效率决定的，因为长长的实词一般包含更多信息。人眼不会在句子的每一个成分上都逗留，但这并不意味着人在阅读时会“跳过”某些信息。事实上，人眼的每次停留都具有感知跨度（即总的视野范围），这一跨度为人眼焦点左边3~4个字母到右边15个字母。所以，一个句子的全部内容最终都会被包括在内。

在大多数情况下，人眼会从句子的左边扫向右边，按语序处理书面句子。然而，这样的策略不适用于花园小径句。阅读此类句子的时候，人眼需从右到左，反向扫视文本，这样的扫视也被称为“退行”（regression），占人眼所有扫视的15%左右。这一数字表明，人在阅读过程中会对部分文本形成错误的感知或理解，需要对这部分文本重新进行分析。与阅读能力强的人相比，阅读能力弱的人发生退行的概率更高。

在阅读过程中是不存在的。

书面文字的识认

在所有针对阅读能力开展的研究中，大多数研究都会向被试展示孤立的、单个的词语。词汇识认有三大层面：外形层面（即单纯的字母形状特征，例如，字母“K”是由一根垂直线和两根对角线组成的）、字母层面、单词层面。一般来说，外形层面先于字母层面，字母层面先于单词层面，但事实也不总是如此。试验中，研究人员通过计算机显示器向被试显示一串字母，之后问被试这串字母的最后两个字母（如：“d”或“k”）是什么。结果显示，如果这串字母是一个词语（如，“work”，工作），则被试的回忆将更为精确；相反，如果这串字母组成的东西毫无意义（如“owrk”），则被试的回忆将更差。这样的结果也被称为词优效应（word superiority effect），即人对词语的理解会使其更容易识别与辨认字母。因此，词汇识别与辨认的三大层面之间既有从下到上的联系，也有从上到下的联系。

在许多书面词汇的识认活动中，都存在着外形、字母和单词这三大层面之间的交互激活。詹姆斯·麦克莱兰（James

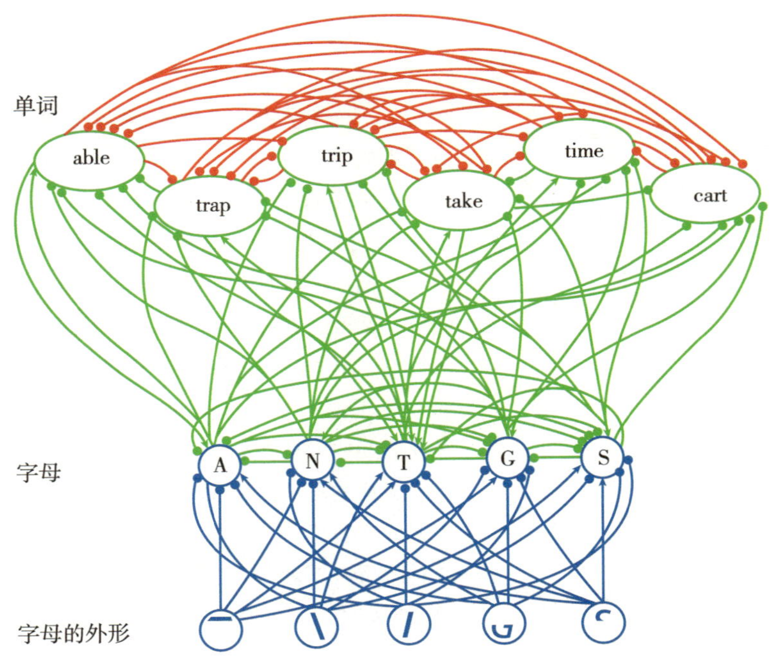

詹姆斯·麦克莱兰和戴维·鲁姆哈特的词汇识别交互激活网络提出，词汇识别有三大层面：外形层面、字母层面、单词层面。这三大层面是双向的过程，人认识了词语，就会影响其对词语外形和字母的认识。

McClelland）和戴维·鲁姆哈特（David Rumelhart）在1981年提出的模型既包括三大层面间从下到上的联系（从外形到字母到单词），也包括三大层面间从上到下的联系（从单词到字母到外形）。

从上到下的联系对词优效应的解释十分关键。实际上，当人在短暂的时间里看到“work”这个词语时，单词层面上与“work”相对应的单位便会被激活，这个单位又会通过从上到下的联系，从单词层面出发，激活“w”“o”“r”“k”这四个字母在字母层面上相对应的单位，从而加强对字母“k”的感知。同样，从上到下的联系也适用于一个人每天的活动，例如，解读不熟悉的字迹、在快速驶过路标时读出路标内容。

用眼睛或耳朵来阅读

当人们凝视一段文字的时候，人们总会不由自主地在心里“大声念出”这些文字，往往还会以自己说话的声音来“念出”文字。由于书面文字大致上是口头言语的转录，故声音语言系统和视觉语言系统之间的结合并不令人惊讶。此外，不论是在人类进化的过程中，抑或是在儿童发育的过程中，阅读均出现于较晚的时期，因此，一部分阅读机制能够得到言语识别机制的支撑。

然而，有理论认为，阅读只与视觉相关，因为人用眼睛阅读。视觉分析的过程对字母进行识别与辨认，并将字母配以图形代码。这些字母被称为字素（grapheme），是书写系统的最小基本单位。一个字素是由一个或多个字母组成的、代表一个音素的单位。随后，这一整个视觉图案便会被识别成心理词典中的一个词语。“用眼睛阅读”的理论并不包括任何语音学的内容，因此能更好地解释人在阅读的时候为什么不会把单音节词（如“too”和“two”）弄混——每个词语都被视为不同的象征（几乎像是物体一样），这个词语与其他词语在语音上的相似之处并不重要。“用眼睛阅读”的理论让人们更容易理解为什么有些人能够以很快的速度阅读。如果每个词语都需要人们在心里念出，那么人们将永远无法实现速读。相反，通过视觉处理，人们能同时处理大串字母和词语。

不过，也有证据表明，在阅读过程中，字素到音素的转换过程会自动发生，即“用耳朵阅读”。儿童先学习说话，再学习阅读，因此，学习阅读的一大方式，显然是将字素和已知的音素相结合（例如，字母“l”发 /l/ 音，“ph”发 /f/ 音）。人们阅读艰深的材料时，往往会动嘴型，似乎动用语音就能够帮助自己识别词语。当遇到新词或虚构词汇时，这样的语音转换是关键一步，因为大声读出词语有助于理解。最后，如果用耳朵“阅读”，所需的步骤数量和记忆空间就会更少，从而更加高效。例如，如果我们将字素转化为语素，则无须用两种单独的写法来写下它们。

转化过程产生的语音表征，将与用于口语单词识别的语音词典建立直接联系。用眼睛阅读和用耳朵阅读似乎都是合理的，甚至是必要的。没有直接的视觉映射，就学不会“cause”和“gauge”中“au”的发音区别。但是，没有语音转化，那么连一个新单词都学不会。心理学家认定，阅读、念出书面词语的过程既需要眼睛也需要耳朵，这样一来就解决了人到底是用眼睛还是用耳朵阅读的问题。在类似的双路径模型下，人们需要将直接路径和语音路径结合起来，才能解读书面文字。直接路径，即通过简单视觉关联，将书面文字映射到视觉表征；语音路径，即字素到音素的转换。两条路径中哪条占主导地位，取决于很多因素（如书面文字的种类）。

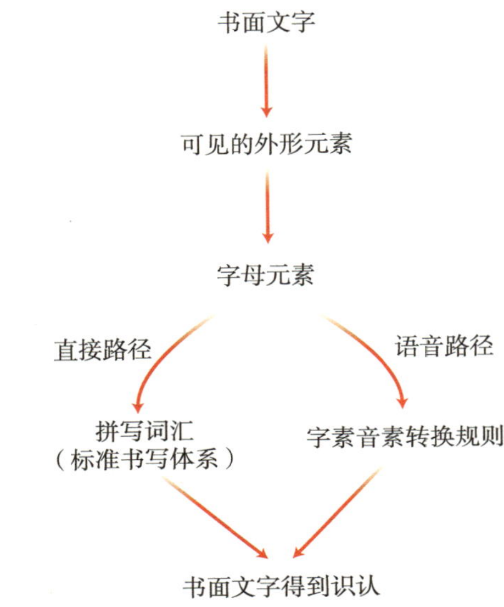

马克斯·考特哈特（Max Coltheart）的阅读双路径模型展示了文字识别与辨认的另一大理论。直接路径，即用眼睛阅读；语音路径，即大声朗读或用耳朵阅读。

语言习得

不论才能大小，不论积极与否，也不论个性如何，世界上每一个地方的儿童都要学习语言。父母母语为英语的孩子学英语的速度，与父母母语为西班牙语的孩子学西班牙语的速度一致。四五岁的孩子能学会发音、词汇和句型，能学会自身环境所需的交流技能。

一个最吸引人的问题是：儿童为何能

焦点

子宫内的言语感知

胎儿的听觉系统会在妊娠期的最后三个月内发展。胎儿的语言能力在出生前便会开始发展。然而，胎儿不能听见所有频率的声音。低频率的声音（如贝斯音）通过母亲子宫壁的传播效果最佳。其声音质量类似于人把耳朵贴在墙上听邻居说话的声音。如此贫乏的语言输入是不足以让胎儿学会音素和词语的，但能让胎儿熟悉母亲言语的抑扬顿挫，熟悉语言的总体韵律。近期甚至有研究表明，在子宫内反复接触某特定音乐的胎儿在出生后一整年内都会表现出对该音乐的偏好。

子宫里的胎儿能听见一些声音。

如此轻松地学习并掌握语言呢？鉴于儿童学习语言的速度和规律，人们往往认为，学习语言的能力是与生俱来的。可与此同时，儿童似乎也需要通过父母或兄弟姐妹来接触语言。事实上，幼年未接触语言的儿童很少能像那些在正常语言环境下长大的儿童一样充分掌握语言。心理学家试图搞懂有多少语言由天赋形成，又有多少语言由环境养成。语言习得分为多个阶段，一般从人的出生那一刻开始，可能到死亡才会结束。

0~12 个月的婴儿

尽管大多数婴儿要至少过八个月才能说话，但婴儿早在八个月前就开始熟悉话语的声音。例如，如果让婴儿从英语和法语中选择一项加以聆听，则美国婴儿往往会选择英语，法国婴儿往往选择法语。这说明，胎儿在妊娠期的最后一个月里对母亲话语的接触，使其对母语更为熟悉。然而，婴儿不能辨别口音和韵律相似的语言，例如，英语和荷兰语。婴儿要在几个月后才能实现这类更为细致的辨别。

婴儿在语音层面也体现出了显著的感知力。例如，婴儿可以辨别关键的语音差异，如 /ba/ 和 /pa/。这对成年人并非难事，但对婴儿来说，学会辨别这两个非常相似的音节已经很了不起了。婴儿还能辨别一些非母语的语音，即自己的语言里从未出现的语音。例如，日语中 /l/ 和 /r/ 之间的区别是不存在的，因此成年人的日语使用者很难辨别这两个发音（类似于无法清楚辨别英语单词“late”和“rate”）。然而，很幼小的日本婴儿并不会有这样的问题。反之亦然：学英语的婴儿能够识别出一些父母都觉察不到的外语语音的差异。

但是，六个月以下的婴儿，除了几个频繁出现的词语（自己的名字、“妈妈”“爸爸”等）外，一般不会理解词语，其对细微语音差异的感知和记忆方面相对不发达。

六个月至一岁期间，婴儿会丧失对语音差别的超敏感度，其感知力会局限在母语的语音差别上。这个时期是感知调整期。

换言之，这个年龄段的婴儿开始发展其“母语”，而处于此阶段的日本婴儿由此丧失辨别 /l/ 和 /r/ 的能力。

婴儿亦开始通过复杂的策略把单词从连续的言语中细分出来，而言语输入中的统计学规律是婴儿用以实现细分的一大强有力的工具。在言语输入中，有些发音一起出现的概率往往高于其他发音，这一点构成了言语输入的统计学规律。例如，由于“dog”（狗）是一个词语，而“pog”不是一个词语，故 /d/、/o/ 和 /g/ 三个发音一起出现的概率要比 /p/、/o/ 和 /g/ 一起出现的概率高。因此，在接触言语几个月之后，婴儿往往会推断，/d/、/o/ 和 /g/ 三个发音一起出现，并将这个发音组合作为一个新词存储在他们的心理词典中。

图中的这位日本婴儿刚出生时，具有辨别 /l/ 和 /r/ 的能力，但她在一段时间后就不能轻易辨别了，因为她的母语里没有这样的区别。

当然，统计学规律还应用于某个发音组合（如，/dog/）与某样东西（例如，一个围着摇篮跑的毛茸茸的动物）、事情或情

焦点

测量婴幼儿的言语识别与辨认能力

婴幼儿既不能回答诸如“你听见的是 /ra/ 还是 /la/”等问题，也不懂得摁下“是”和“否”的按钮。所以，研究人员研发了一套回答问题的方式，让婴幼儿以间接的方式回答研究者提出的问题。

高振幅吮吸法（The high-amplitude sucking procedure），此法用于四个月左右的婴儿，旨在确定婴儿能否应言语刺激的变化而改变吮吸行为。婴儿嘴里的奶嘴与一台录音设备相连，从中可算出婴儿的吮吸速度，进而推导出婴儿的吮吸行为。例如，要想确定婴儿能否辨别 /ra/ 和 /la/ 之间的区别，可以反复让婴儿听 /ra/ 的发音，等到婴儿感到厌倦时，突然将不断重复的 /ra/ 音改成 /la/ 音。如果婴儿能辨别 /ra/ 和 /la/ 的区别，那么在发音突然改变时，婴儿会对“新”音节感兴趣，并加快吮吸速度。如果婴儿不能辨别其中区别，则其吮吸速度不会有明显的变化。

转头偏好法（The head-turn preference procedure），此法用于 4~12 个月左右的婴儿。研究者通过测量婴儿聚焦于（将头转向）音源的时间，来测量婴儿花多长时间聆听喇叭发出的言语刺激（例如，含有相同元音的词语）。这一时间即是婴儿对言语刺激感兴趣的时长，但喇叭并不会以一种使婴儿厌倦的方式来反复播放词语。婴儿往往会花更多的时间聆听熟悉的词语（如爸爸），而不是陌生的词语（如球童、茶叶罐）。婴儿亦会花更多时间聆听那些包含熟悉词语的故事，而不是那些包含陌生词汇的故事。

绪的关联。六个月到一岁之间的婴儿大多只能理解简单的名词，如“duck”（鸭子）、“spoon”（勺子）或“dog”（狗），但也能对一些动词［如“give”（给），“push”（推）］，甚至对某些短语［如“peekaboo”（捉迷藏）］做出反应。

大多数幼童从两岁开始才能实现真正的交谈，但一岁前的幼童往往已能咿呀学语。幼童学会的第一个元音是 /a/，首批辅音是 /p/ 和 /b/。八个月大的婴儿甚至已经能说出几个词语，但只能说出单音节词语，且说出的东西只有婴儿的父母能懂。除了“no”（不）外，婴儿早期学习的词语往往与移动的东西（球、车）有关，而非静止的东西（天花板）或内在的情感状态（痛苦、害怕、快乐）。

一岁及以上的幼童

在婴儿出生的第二年，其语言系统的复杂性和有效性迅速发展。言语感知能力也得到发展，更适应于细分言语，并在言语输入中发现新词。此外，随着幼童开始理解动词的过去式、复合句等重要概念，句法也在不断发展。

一岁以上的幼童最显著的特征是口头表达活动的发展，但产出的句子大多只包含一个词语，且含义是模糊不清的，因为幼童可以用单个词语来指代很多事物。例如，幼童可能会用“球”这个词来指代任何圆形的东西、任何滚动的东西以及任何玩具。同样，幼童说出某个词的时候，可能是想表达这个词语的某个特定例子（例如，有时幼童在用“球”这个词指代邻居家后院的一个球）。随着时间推移，幼童会接触到同一词语在不同情境下的多种例子，类似的句型错误也将迅速消失。

两岁往往意味着语言习得的急剧加速。18 个月的幼童只懂得几十个词语，但五岁儿童所懂得的词语将是数以千计的。幼童的词汇增长（也称“词汇爆发”）相当迅速，平均每天都能学会十个新词。与此同时，幼童所能说出的句子将从一词之长发展为两词之长，但也只能说出像电报报文一样简略的、不含任何虚词的、支离破碎的句子。过了这个时期，幼童将能说出真正意义上的句子。

在两岁半，幼童就能说出第一句含有动词和虚词的真正句子。这一阶段意味着幼童开始掌握句型规则，是语言习得的中心环节。事实上，幼童对句型规则的掌握程度很高，以至于幼童会错用语言。例如，幼童会把“-ed”后缀接在一切动词过去式的后方（例如，“hold”一词的过去式形态应为“held”，但幼童会用“holded”这一错误形态）。就这样，幼童从过度归纳词意的阶段，走向了过度归纳句型规则的阶段。

不同语言环境下长大的儿童，对句型规则做出过度归纳的方式是相似的。之后，儿童会意识到，句型虽有规则，但规则总有例外，过度归纳句型的错误也会逐渐消失。儿童记忆能力的发展，使其能记住那些需要死记硬背才能记住的东西，例如，个别词语的不规则动词形态。到了四五岁的时候，儿童的语言知识在质量上已经能同成年人相提并论了。

幼童能以这样快的速度学习如此复杂的语言，这背后一定有先天的因素在起作用。不论在哪里长大，不论语言接触得多寡（只要至少接触一些语言），也不论是否具有听觉或视觉能力，儿童语言发展的顺序都是相同的。这意味着，人具有一套内在的语言机制，而且就算环境变化巨大，这套机制也能工作。

然而，这套语言也有局限性，比如，语言学习的关键期，指一个人只能在幼年时期轻易实现语言习得。

过了关键期，语言习得将更加困难，甚至变得不可能。根据美国心理语言学家埃里克·伦内伯格（Eric Lenneberg）的说法，过了某个时间点，大脑的一些特征会发生改变，致使神经元之间的联系不能再改变。比如，语言发音学习的关键期到一岁结束，这意味着，一个幼童如未能在一岁前接触到音素之间微小的发音差别，则过了一岁之后将更难掌握相关内容（如英语与法语鼻音的区别以及日语中的 /r/ 和 /l/ 的区别）。

另一个关键期到人的青春期（约 12~14 岁）结束。这个时期的语言技能发展可按需分配至大脑的不同部分。这一性质也被称为神经可塑性（neural plasticity）。青春期之前学习外语也更加容易——过了青春期才学外语的，其外语的口语输出可能带有口音或有欠流畅。处在这个关键期的人能够克服脑损伤对语言区域的影响，但过了这

关键术语

语言输出的平均时程

3 个月：随意发声，咿咿呀呀，用音调调节元音。

6 个月：咿呀学语（说得最多的音节有 /ba/、/pa/、/mu/）。

10 ~ 12 个月：重复发出一系列发音，偶尔说出一词之长的句子。

18 个月：可以说出一些词语，可以说出一词之长的句子。

24 个月：词汇爆发开始，每天学十个词语，可以说出两词之长的句子。

30 个月：词汇增长继续进行，每天学一个词语，可以说出具有语法结构的、更长的简单句，言语输出有很多错误，但能理解他人说的话。

3 岁：可以理解简单的问句。

6 岁前：理解并能说出 1000 ~ 10 000 个词，可以使用复杂的语法，可以产出更长的句子，言语错误减少。

个关键期的人想要克服就很难了。

人们观察到，婴儿获得的言语输入是很贫乏或不完整的，这一现象也被称为“输入贫乏假说”（the poverty of input hypothesis），进一步支持了人天生就具备语言学习素质的观点。例如，婴儿可能听到停顿颇多的言语，听到开头部分出错的句子，听到没说完的句子，听到咕哝着说出来的话语，甚至可能听到语法形式错误的言语。此外，儿童接触到的语法结构，一般是不足以推断出正确的语法规则的。同样，在儿童语言输出的早期，家长往往会去纠正语言的含义（例如，把“吃水”纠正为“喝水”），但不常赞扬语法的正确性（例如，在儿童说出“she goes”而不是“she go”时予以赞扬）。不过，尽管言语输入贫乏，但儿童依然可以在短短几年之内学习与掌握语言的细微之处，尤其是句型。因此，根据输入贫乏假说，语言习得机制一定是与生俱来的。

然而，语言习得机制并非生来就包含所有东西。人们清楚说出的语言，显然取决于人成长的环境。所以，语言习得机制如果确实存在，则必须具有足够大的灵活性，以适配一切语言而非个别语言。

至于句型习得，有人认为婴幼儿学习的不是一套规则，而是含义和发音之间的简单关联或联系。规则和关联之间的区别在于，规则是有意识学习的结果，不可改变地适用于所有情况，而关联是被动学习（无意识学习）的结果，主要适用于和某个原型相似的情况。在很多非语言活动中，一项行之有效的学习策略就是通过事物间的关联或联系来学习知识的，根据这一理论，人们同样可以通过学习来掌握句型，不一定要依靠“内在”语言机制。

> 若你不能成为语言的主人，你必将是语言的奴隶。若你不能审视自己的想法，你将别无选择，唯有接受自己的一切想法——哪怕是荒唐至极的想法。
>
> ——理查德·米切尔（Richard Mitchell）

狼孩

有些人在幼年时被完全剥夺与社会互动的机会，这些案例也能以一种极具戏剧性的方式体现出社交在语言习得中的重要性。那些被遗弃在森林里、若干年后才被找到的“狼孩”（wild children）让人们看到，正常社交起着多么关键的作用。

1976 年，印度找到了一名显然是被群狼养大的男孩，叫“拉姆”（Ramu）。可能是由于长年躺在狭小狼穴里的缘故，拉姆被找到时肢体畸形，不能走路，最爱吃生肉。他学会了洗澡和穿衣，但他从未学会说话，最终于1985年2月去世。在其他被报告的约30个相似案例中，狼孩的行为方式均非常相似，都与动物相同。有些狼孩最终学会说出几个词语，但没有任何一个狼孩的语言能力能达到正常水平，且大多数狼孩都无法理解言语。

孤立儿童（isolated children）与狼孩不同，孤立儿童是由人类养大的，但却是在极端的社交条件和物质环境下长大的。1970年，人们发现了14岁的吉妮（Genie）。她从20个月左右开始便被一直绑在椅子上，被剥夺了正常的社交能力。被发现时，她对语言没有任何掌握。在她的康复过程中，人们付出了巨大的努力来教她说话。她能够学会一些不算正确或完整的语言（例如，“no more take wax”或“another house have dog”），但她不能使用介词（如“如果”）、连词（如“和”）等多数虚词，也不能组成复杂句。

狼孩和孤立儿童的案例清楚地表明，幼年时期的正常社交多么重要。如果语言习得能力完全是与生俱来的，那么语言能力便能在毫无社交的情况下出现，又或者能够轻易恢复。如果这一理论正确，那么吉妮被孤立前的20个月足以“激活”她与生俱来的语言习得机制。可事实却是，吉妮一直没能正常使用语言。

也可以说，吉妮没有达到语言上的成熟，因为她是在进入青春期，即第二个关键期已经结束之后，才开始接触绝大多数语言的。另一个孤立儿童伊莎贝尔（Isabelle）的案例则说明，何时接触语言——而非是否接触语言——也很重要。伊莎贝尔在婴儿期被藏了起来，直到六岁时才被发现。可是，在短短一年之内，她就学会了说话。她班上其他孩子接触语言已达七年，但她说出的话与其他孩子几乎没有区别。伊莎贝尔的康复几乎是完美的，因为她在进入青春期之前就接触到了语言，似乎是战胜了先天语言成熟的期限限制。先天和后天似乎都对语言习得过程有所影响，但是，只有先天没有后天，抑或只有后天没有先天，都不会产生决定性的效果。因此，最好将语言习得描述为先天和后天相互作用的结果，先天和后天将语言以一种松散的形式“预设”在了人脑当中。

《吉妮：一场科学悲剧》（*Genie: A Scientific Tragedy*）讲述了吉妮的一生，该书的封面如上图所示。吉妮14岁之前，几乎没有任何与外界的交流。此后，尽管人们努力教她说话，但她仍不能正常使用语言。这个案例显示，语言习得能力并非完全与生俱来，语言学习是有关键期的。

语言和思维

在思考问题、计划工作、分析利弊以及进行大多数思维活动时，人们总能听到一个悄无声息、来自内心深处的“内音”，这个内音把所思所想转化为文字。可是，如果这个“内音”不存在呢？换言之，如果没有语言，思维会怎样呢？

我们是否可能无法思考呢？或者我们是否会有不同的思维方式呢？又或者，没有语言其实也不要紧，因为即使没有语言，思考也可以存在？

语言首要性假说（the primacy of language hypothesis）非常强调语言对认知的影响，其最极端的表现形式是“说了才能想”，萨丕尔-沃尔夫假说（Sapir-Whorf hypothesis）最能说明这一点。爱德华·萨丕尔（Edward Sapir）及其学生本杰明·李·沃尔夫（Benjamin Lee Whorf）于20世纪初开展了研究工作，并宣称：语言决定思维，因为先有了“爱”这个词，才有了人们对爱的感觉。这就是语言决定论（linguistic determinism）：语言决定思维结构。

语言决定论直接衍生了语言相对论（linguistic relativity）。因为语言塑造思维，所以人们说的语言会使人产生不同思维。极端一点来说，如果语言里没有表达“爱”的词语，那么人就感受不到爱。更合理地说，不同语言的社会，发展不同的文化，因为不同语言给事物、概念和感受加上的“标签”也不同。

> 我们为什么能看到、听到、感受到这一切，在很大程度上是因为社会的语言习惯使得我们倾向于做出某种解读。
>
> ——爱德华·萨丕尔和本杰明·李·沃尔夫

在1956年出版的《语言、思想和现实》（*Language, Thought and Reality*）中，沃尔夫从几种语言（特别是美洲本土语言霍皮语）中引用例子，来说明这一理论。沃尔夫称，霍皮语中没有表达时间概念的词汇或语法结构，所以霍皮语的使用者必然对时间有着不同的理解。虽然这个例子后来被证明是错误的，但沃尔夫的理论仍然是语言和文化差异之间关系的重要阐释之一。有些理论对语言将自己的“世界观”强加给使用者的方式提出假说，这些假说过去曾受到极大关注，而许多研究者发现，支持这些假说的证据很有说服力。

然而，事实证明，这些早期被心理学家和人类学家用来评估语言结构和思维过程的方法并不可靠。有学者对研究者的主观性提出批评。时至今日，已没有多少人还在追随萨丕尔-沃尔夫假说的最初形态。毕竟，即便没有共同词汇，来自不同语言背景的人仍能有效交流。一种语言中可能不存在任何用来形容某个对象的词语，但在这种情况下，人们依然可以通过对若干已有词语的结合来形容某个对象（如，“年轻的鸟”代表“雏鸟”）。同样，尽管澳大利亚土著语中的数量词寥寥无几，但这些语言的使用者依然能像其他语言的使用者一样数数、计算。

如今，萨丕尔-沃尔夫假说的温和形态更容易为人所接受，该理论形态认为，语言只对一部分感知和记忆产生影响。如果一种语言中存在的颜色词很少，其使用者在确定两种颜色是否相同时，将更难做出精确判断。实验还表明，一样东西如果同现成的词语相对应，那么将更容易回忆起来。语言对人们感知、记忆外在世界的方式确有影响，但人们对外在世界的感知或记忆本身不会受到影响。

萨丕尔-沃尔夫假说提出之时，人们对文化差异和语言理论非常感兴趣，尽管该假说可能不是对语言和思维如何相互作用的准确描述。对婴儿思维的研究表明，没有语言，思维也会存在。在生命早期，语言和思维可能是共存的，但鲜有互动。后来两者融合成一个更复杂的能力，在不断变化的文化、社会和语言环境中相互补充。

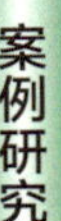

萨丕尔 - 沃尔夫假说的替代理论

语言可能无法“塑造”思维。以下是萨丕尔 - 沃尔夫假说的两个替代理论。

一是独立假说。独立假说提出，语言和认知可能是相互独立的能力。无论是否拥有语言能力，人类都应该能很好地思考，因为语言有自己的模块，分立于认知功能。内音的缺失（即词汇和句法的缺失）不妨碍人们计划复杂事件，也不妨碍人们理解“玛丽推约翰”和“约翰推玛丽”两个场景之间的区别。列夫・谢苗诺维奇・维果茨基（Lev Semyonovich Vygotsky）提出了一个更为温和的理论形态，认为语言和认知在婴儿刚出生时相互独立，但随着年龄的增长而变得相互依存，思维的语言性逐步增加。

二是认知假说。认知假说提出，正是由于智力功能的发展，语言才得以出现。根据让・皮亚杰（Jean Piaget）的观点，儿童的智力发展遵循一系列定义明确且相互依存的阶段。语言的出现离不开一定的认知技能。例如，皮亚杰声称，幼童必须达到能认识“守恒”概念的智力阶段（大约 9 个月），才能用符号表示概念和物体，从而接触到语言。明白“守恒”概念的幼童会意识到，即使物体被移出视野，它们也依然存在。根据认知假说，非人类物种缺乏能使语言出现的智力能力，所以无法充分发展语言。

* * *

语言不仅仅是一系列有意义的声音，它是由数量有限的句型和词汇组织而成的，能够产出数量无限的句子和含义。有些非人类物种也有复杂的交流体系，但它们并没有如此强大的产出机制。即便人们教导黑猩猩根据某种规则操纵符号，它们的语言产出仍然比人类语言差，而且不如人类语言灵活。

无论是口头语言还是书面语言，都有一个“积木结构”。声学特征和视觉特征结合起来，形成音素或字素；音素和字素相互结合，形成词素；而词素又相互结合，形成词语。语法对词语组织的适当方式做出定义。

来自脑损伤患者和神经影像学研究的证据，使人们对语言处理和大脑之间的关系有了进一步的理解。语言功能大多局限于左半球的颞额区域。特定语言障碍（如失语症）通常与大脑不同亚区域的损伤有关。

与阅读和写作相反，口头言语理解和产出是本能习得的。语言特有的言语感知策略发展于婴儿出生后的第一年，并为幼童第二年学习第一个单词打下基础。人类确实拥有语言学习的天赋，但人类必须接触大量的语言刺激，尤其要在先于青春期的发展关键期接触语言，这样才能完全掌握语言。

20 世纪上半叶，研究者曾支持语言决定论的思想，认为语言塑造了人类的思维方式。然而，其背后证据并不令人信服。今天，人们接受更为温和的一种理论形态，即语言有时会影响感知和记忆，但对人的思维方式不起决定性作用。

第七章　问题解决

追寻正确答案。

研究问题解决的心理学，不仅研究人们在数学考试或其他测试中遇到问题怎样解决，还研究更为普遍的推理过程，即人们赖以估算概率大小、赖以做出日常生活中一切决定的推理过程，例如：我没有专业的修理工具，但是我家的门坏了，怎么修呢？这架飞机有多大可能坠毁呢？今天下雨吗？从这个意义上来看，问题解决有别于推理，推理是需要识别和判断的。此外，研究问题解决还包括研究创造力的本质。

问题解决的研究背景

现代心理学家认为，问题解决是一个搜索的过程，是问题解决者运用心理技能、寻找通往目标之路的过程。通往目标的道路既可预先计划，也可出于偶然，而最终目标既可在问题解决开始时得出，也可在问题解决的过程中摸索得出。

那么，人类是怎样解决问题的呢？是什么让某些问题更难以解决呢？人类能否提升问题解决能力呢？人类能否用科学的方法研究创造性的问题解决呢？这些问题没有直接的答案，但探索这些问题的方法本身，能够揭示人类思维的运转方式，是非常有趣的。

美国心理学家爱德华·李·桑代克将自己的猫和人类在相似情形下使用的问题解决策略加以对比和对照。

- 人类在问题解决的过程中，不仅会试错（trial and error），还会领悟（insight）。
- 创造力，即人们无法清晰看到问题解决方式时，所采取的问题解决策略。
- 解决问题的能力与人的智力水平不直接成正比。
- 功能固着、数据呈现等许多外部因素均能妨碍问题解决。
- “手段 - 目的”的分析（从答案出发思考问题）是问题解决的一种方法，类比的使用是另一种方法。
- 逻辑能帮助解决一些问题，但不是一切问题。
- 当人们找到了“足够好”的解决方案，便不会再对这个问题继续做出理性思考，这一现象被称为“满足”。
- 人类对概率的理解是极差的。

试错

试错（trial and error），是最容易、最普遍的解决问题的方法，是对诸多问题解决方法随机进行逐一测试、直到找出正确答案的过程。

美国心理学家爱德华·李·桑代克研究了猫的试错行为。他观察到，被关在盒子里的猫试图打开盒子并拿到盒子外的食物时，首先会在盒子内部随机移动，直到碰巧触动打开盒子的开关。之后，当同样的猫再次尝试逃离同样的盒子时，其开门所用的时间将逐次减少。然而，猫并没有真正理解盒子为什么能打开，它只是运用了试错的策略，每次都离正确答案近了一小步。猫在类似情况做出的行为，使人们对人类在类似情况下可能做出的行为起了兴趣。当人类无法解决，或无法轻易解决某个问题的时候，人类往往也会使用试错的方法。

顿悟

不同于试错，顿悟（insight）是人类突破直觉、找到解决方案的过程。德国格式塔心理学派的沃尔夫冈·科勒（Wolfgang Köhler）研究黑猩猩拿取香蕉的能力，以此研究基于领悟的问题解决。香蕉放在笼子顶上或笼子外面，恰巧超出黑猩猩的可及范围，黑猩猩需要利用两根棍子，或搬动一个盒子将自己垫高，才能拿到香蕉。结果显示，黑猩猩似乎需要经过一段时间的停滞和思考，才能突然想到解决方案。

沃尔夫冈·科勒的黑猩猩在试着拿取可及范围之外的物体时，使用了顿悟。

人们有时认为，“顿悟”是高于试错的一种问题解决的形式。然而，这两种方法对人类来说往往是互补的。换言之，大多数问题解决似乎既需要试错，也需要顿悟。心理学家往往对顿悟的过程更感兴趣。在顿悟的过程中，解决方案似乎是凭空突然出现的。在创造性的问题解决过程中，明显的解决方法并不存在，顿悟也变得尤为重要。

但是，“顿悟”仍然是一样易于描述、但不易于规范化的东西。在深入研究问题解决之前，让我们先详细研究问题的不同种类。

猫能够解决问题，但只能通过试错来解决问题。所谓的“顿悟”超出了猫的认知能力。

> 人类的顿悟学习，需要借助不受狭隘限制的思想才能实现。
>
> ——爱德华·李·桑代克

功能固着

问题可分为两类。

第一类问题是“排列问题”（problems of arrangement），解决问题者需要重新安排各种事物，使之符合其他形态。排列问题的一个例子是七巧板，另一个例子是猜字谜。例如，“什么水果是由字母 ENRAOG 组成的呢？”这就是一个猜字谜的问题。1931 年，心理学家 N. R. F. 马耶尔（N. R. F. Maier）针对“排列问题”开展了一项经典研究。他把一名被试放在一个房间里，房间里有各种东西，包括一把钳子，房间的天花板上还挂着两根绳子。被试面临的问题是，需要找到一种方法，将天花板上的两根绳子系在一起。然而，这两根绳子相距甚远，不可能抓住一根绳子，握住它，然后走到另一根绳子那里。正确的解决方案是，将钳子绑在一根绳子的末端，然后抓住另一根绳子。钳子的额外重量使绳子变成了一个钟摆，于是被试就可以同时抓住两根绳子，并将它们系在一起。可是，大多数被试都找不到正确的解决方案。

图钉和蜡烛

1945 年，美国心理学家 K. 邓克（K. Duncker）做了另一个类似的实验。邓克给了被试一盒图钉和一支蜡烛，要求被试将蜡烛固定在墙上，使其保持直立并正常燃烧。于是，被试们给出了一系列精心设计的解决方案，其中一些解决方案特别复杂，甚至是怪异的。可大多数被试没有想到的是，他们可以清空盒子，并把它钉在墙上，然后再把蜡烛放在盒子里面。

> 如果某个问题很复杂，需要一系列不同观点，那么多样性会使人更有可能获得高质量的解决方案。
>
> ——罗杰・N. 布莱克尼
>
> （Roger N. Blakeney）

在同样的实验中，另一组被试首先看到的场景是，图钉铺满了整张桌子，桌子上放着一个空盒子。于是，被试的心中产生了正确的想法，随后以更快的速度找到了正确的解决方案。

类似实验表明，人们很难看到如何将熟悉的事物用于陌生的目的。钳子通常是用来把钉子从木头里拔出来的，这一事实使人们很难想到，钳子还能用来做些别的什么。盒子必定是用来装东西的，这样的概念相当根深蒂固，以至于人们很难想到盒子还有什么别的用途。这种效应被心理学家称为“功能固着”（functional fixity，或者 functional fixedness）。

马耶尔发现，如果他的被试近期将钳子用于通常的用途，那么将更难找到第一个问题的正确答案。这说明，要么储存在大脑中的信息无法在需要的时候被可靠地获取，要么就是解决问题的人未能建立起使自己想到正确答案的心理联系。

人们一旦注意到解决问题有多么困难，便会赞赏那些成功解决问题的人。但是，解决问题的灵感来源，以及挖掘灵感的方式，依然不为人所知。

“转换问题”

“转换问题”即通过应用一套规则，将一种状态变为另一种状态。例如，一些心理学家研究了各种“过河问题”。

在尝试解决此类问题时，被试有多种选项可供选择。在解决过河问题的第一步，被试有三个选项：带鸡过河、带玉米过河、带猫过河。之后，被试还可以做出其他诸多选择。有一种解决问题的方法被称为问题的“状态空间”，即以数学方式呈现问题的概率或状态。解决问题需要找出穿过“状态空间”的最短路径。因为每一步都能做出不同选择，所以很快就会出现许许多多的解决问题的方法。在处理复杂问题时，人们不会仅仅为了猜测而做出选择。下棋就是一个典型的例子。在考虑走哪一步棋的时候，玩家可以尝试这一策略：去考虑每一个选项的可能后果。

思考过程如下：“如果我走这一步棋，那我的对手能怎么走呢？对手走这一步棋之后，我还能怎么走呢？”这样下去是无穷无尽的。下棋的时候，可能的走棋方法实在太多，不可能考虑到每一步棋会带来什么后果。即便每计算一步只需要一秒，那么也需要很多年的时间才能考虑到每一个排列和每一种可能性。如果没有捷径可走，那么棋类游戏根本不会存在。

棋局开始时，每名玩家都有 20 个可能的选项。之后，选项会变得更多、更复杂。

这就证实了一点：“顿悟”是不可或缺的。如果人类遇到问题只能不断试错，那么人类的思维就不可能达到其现有的高度。

手段 – 目的分析

所以很明显，我们人类一定拥有某种

案例研究

过河问题

假设你现在站在河的一头，你身边有一只鸡、一袋玉米和一只猫，你还有一条船。你的任务是，将鸡、玉米和猫带到河的另一头。可是，你的船太小了，所以你一次只能带一样东西过河。问题在于，鸡不能和玉米待在一起，不然鸡就会吃掉玉米；猫不能和鸡待在一起，不然猫会把鸡赶走。请问，你怎样在尽可能减少过河次数的前提下，把所有东西都带到河的另一头呢？

解决方法如下。首先，带鸡过河，返回。然后，带玉米过河，带鸡返回。之后，带猫过河，让猫和玉米待一起。最后，带鸡过河。不过，如果鸡和猫的数量增加，那么这样的问题就会变得更加困难。

策略，使自己在解决复杂问题时，无须思考每一个可能的步骤。这样的策略会是什么呢？其中一种最为广泛使用的策略便是“手段 - 目的分析”。

取物游戏是这个概念的一大经典例子。游戏双方交替地从桌上拿走物体，但须避免拿到最后的物体。取物游戏有许多种，但最典型的取物游戏是：有 15 根火柴棍，每位玩家一次可以拿走 1~5 根。不妨用逆向思维想一下，如果火柴棍的数量减少到 6 根或 12 根，会发生什么。很简单，在这种情况下，对手做什么并不重要，赢家只有一个。

20 世纪 50 年代，美国心理学家艾伦·纽厄尔（Allen Newell）和赫伯特·西蒙（Herbert Simon）试图构想出一套通用的策略，以应用于许多不同的手段 - 目的分析问题。例如，想象一下，你从纽约出发，去拜访你的一个在伦敦的朋友，应该走什么路线。你可以遵循的方法包括下面这几种。

- 如果距离不到 2 千米，那就步行前往。
- 如果距离在 2 千米到 8 千米之间，那就乘公交车前往。
- 如果距离在 8 千米到 16 千米之间，那就乘火车前往。
- 如果距离在 16 千米以上，那就乘飞机前往。

纽约和伦敦之间的距离大于 16 千米，所以你可以应用的第一种方法就是“乘飞机”。

然而，你可能还需要满足一些“保障条件”（enabling condition）。在这个例子中，保障条件之一可能是“身处机场”。所以你现在有了一个新的问题：“前往机场”。这个目标帮助你抵达伦敦、实现终极目标，因此被称为“子目标”（subgoal）。假设机场离你家有 5 千米远，那么你可以应用第二种方法（乘公交）前往机场。到了机场之后，你可以乘飞机去伦敦。

假设伦敦机场离你朋友家有 40 千米远，那么在飞机落地之后，你可以乘火车去朋友家，因为朋友家离机场的距离介于 8 千米至 16 千米之间。就像之前一样，这又会产生新的子目标——前往机场附近的火车站。

> 计算机使其对持续变化的状况的了解，在所采取的行动中反映出来。
>
> ——艾伦·纽厄尔

纽厄尔和西蒙提出，这种策略可应用的领域十分广泛，但也不能应用于一切领域。例如，这种策略无法应用于鸡、猫和玉米过河的问题，因为鸡在初次过河之后还要返回起点。如果你采用的策略是确保越来越多的物品过河，那么你是不可能解决这个问题的。你需要做的是走回头路，即远离目标状态，才能达到最终的目标。这也会给人造成疑惑。

美国心理学家 A. S. 陆钦斯（A. S. Luchins）和 E. H. 陆钦斯（E. H. Luchins）在 1942 年提出了“水桶问题”。“水桶问题”说明，如果一个问题的起点和终点之间缺少平稳过渡，这个问题就会变得特别困难。请试着做一下“水桶问题”。如果你做完了这两道题，你可能会发现，第二题比第一题更难。第二题需要更多的解决步骤，但这不是难点之所在。相反，第二题的难点在于，它需要你后退几步。仅仅通过减少当前状态和最终状态之间的差异，是不可能解决第二题的。人们往往会在不恰当的情况下，使用减少差异的策略，遂认为第二题比第一题更难。

然而，如果先给人们做第二题，再给人们做第一题，那么人们往往会认为，与“客观上”更难的问题相比，“更简单”的问题会变得更困难。这是因为，人脑能够很快进入状态——一旦发现了可行的解决方法，人脑就会将同样的方法应用于每一个与先前问题相似的新问题上，而且想不这么做都难。

案例研究

水桶问题

问题 1

你有三个水桶。最大的水壶可容纳13.6 升的水，目前装满了水。第二个水桶可容纳 11.9 升的水，但却是空的。第三个水桶只可容纳 1.7 升的水，也是空的。你的任务是，让第一个水桶装 6.8 升的水，第二个水桶也装 6.8 升的水。请问，你怎样做到这一点，共需几步呢？

问题 2

你有三个水桶。最大的水桶可容纳4.5 升的水，且目前装满了水。第二个水桶可容纳 2.8 升的水，但却是空的。第三个水桶只可容纳 1.7 升的水，也是空的。你的任务是，让第一个水桶装 2.3 升的水，第二个水桶也装 2.3 升的水。请问，你怎样做到这一点，共需几步呢？

通用问题求解程序的局限性

起初，手段 - 目的分析法被认为是“放之四海而皆准”的问题解决策略。事实上，纽厄尔和西蒙开发的原模型被称为“通用问题求解程序”（General Problem Solver，简称 GPS）。GPS 所基于的假设是，人脑思考过程能够与计算机的运作相提并论。然而，这样的比喻就像认知领域的许多其他比喻一样，在其自身范围内具有优势，但还不够深入。

心理学家研究了那些擅长于某一领域的人（如棋手）的行为表现，结果往往发现，这样的专长只限于某一特定领域，不能迁移到别的领域，也不能广泛应用于其他领域。

这类人的问题解决能力似乎严格局限于某一领域，这不是某些通用策略广泛应用的结果。

问题的呈现形式，对问题解决的难度也会有很大影响。前一页的方框就给出了一个比较著名的“僧人问题”的例子。在继续阅读本章内容之前，建议你先试着回答里面的问题。

很多人都觉得这个问题很难。然而，如果回答时换个恰当的方式，这个问题就能轻而易举地被解决。我们可以画一个简单的图表，显示出僧人在一天中不同时间段的上山高度。红线表示僧人上山的路径，僧人沿着路线前进，其高度也随之逐渐增加。绿线则表示僧人在第二天沿路下山时

案例研究

僧人问题

上午六点整，一名僧人开始沿着一条路径爬山，目标是山顶的一座寺庙。途中，他多次停下休息。有时他走得快，有时他走得慢。最终，他在傍晚抵达山顶。他在山顶过夜之后，于次日上午六点出发，沿上山时的路径下山，途中他同样多次停下，但他下山所用的时间比上山时要少。

问题是：在上山和下山的过程中，僧人是否会在两天中的某个相同的时间点上途经同一地点？请解释你的回答。

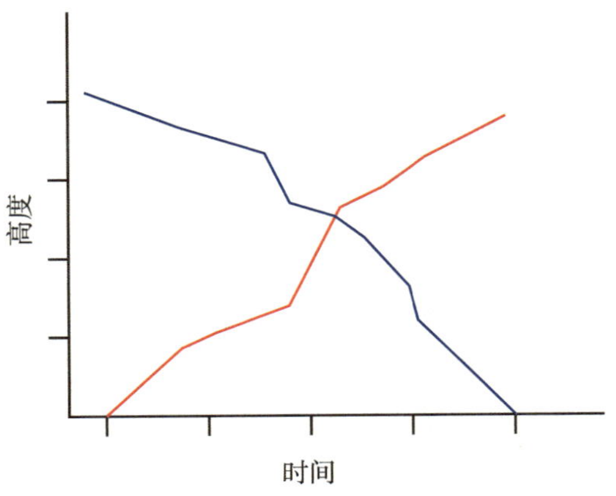

如果僧人的问题用图表形式呈现，那么我们很明显就能看到，爬山者一定会在两天的某个相同的时间点里经过同一个点。

所处的高度，显示他从山顶开始、随着时间的推移逐渐向山下移动的情况。一旦以这种方式将问题呈现出来，我们就可以清楚地看到，在两天的某个相同的时间点，这位僧人在上山和下山时，必然都会经过位于山脉某处的同一个地点。

作类比

解决问题的另一种方式，是将待解决的问题与同类问题相比较，这就是所谓的“类比”。一些实验表明，如果有合适的类比，那么解决问题就更加容易。一个著名的例子是“辐射问题”。想象一下，你是一名医生，现在要杀死患者体内的癌症肿瘤，让患者重获新生。你可以用 X 光杀死肿瘤，但是强度足以杀死肿瘤的 X 光同样也能伤害健康的身体组织，从而伤害患者。

> 人不需要“思考”就能听懂别人说的话，但人有时候需要“大声思考”才能解决谜题。
>
> ——查尔斯 · F. 施密特

所以问题是：如何在不伤害健康身体组织的情况下杀死肿瘤呢？如果以这种方式呈现问题，那么没几个被试能够很快找到答案。可是，在 1980 年心理学家玛丽 · 吉克（Mary Gick）和基思 · 霍利奥克（Keith

Holyoak）开展的实验中，被试首先被告知一个内容不同、原理相似的故事，故事说一支军队正在对某个堡垒发起进攻，通往堡垒的路上全是地雷，军队人数众多无法一起通过，但军队指挥官将军队分成若干小组，沿不同路径进攻，最终大获全胜。

听了这个故事之后，更多的被试能够回答 X 光杀死肿瘤的问题了。如果若干条 X 光光束从不同的方向发出，但都聚焦于肿瘤，那么 X 光的强度只会在光束交汇的地方累加。被试在听说军队进攻的故事之后，更容易回答这个问题，这说明，作类比对解决问题来说，有时是很有用的。

然而，要在完美的时刻找到合适的类比，比理解类比的价值更困难。在选择类比对象时，人们往往只从问题的表面出发，选择在表面上与问题相似的类比对象，例如，如果手头的问题与水相关，人们就会想到自己所知道的、有关液体的其他事实，但这些事实可能与手头的问题有关，也可能不相关。事实上，类比对象必须对问题解决行之有效，而不是仅仅看上去和待处理的问题相似。

创造力

创造力（creativity）是一种解决问题的形式。如果事先既不清楚解决办法的形式，也不清楚通往解决办法的路径，那么我们便可以将“创造力”应用于问题解决。创造力既不需要判断，也不需要理性，创造力的使用取决于现有的相关信息，例如，将过去的经验应用于现在和未来的问题解决。创造力是完全需要灵感的，是“凭空”出现的。

在日常生活中，只有当某个解决方法不同寻常或独树一帜，且在某种程度上还能有所用处时，我们才会称之为“有创造力的”。

20 世纪 60 年代，许多西方心理学家认为，一个人要想具有“创造力”，就需要识别“表面上非常不同的想法”之间的关系，即要能够在不同的事物之间发现相似性。为了证明这一假设，心理学家设计了“远程联想测试”（remote associates test），即向被试提供三个词，并要求被试想出与所有这些词相关的另一个词。这些测试无疑是有趣的猜谜游戏，但它们除了能揭示随机的言语知识外，还能揭示什么呢？而且，如果能衡量创造力的话，这样的猜谜游戏能够在什么样的意义上衡量创造力呢？为了回答这些问题，心理学家请被试的同事讲讲，被试在工作中的创造力有多好。虽然这个实验产生了一些证据，证明创造力和实验分数之间的正相关性，但这一实验显然使用了印象性的实施方法，而非严格的科学性方法。此外，其他类似的研究也产生了互相矛盾、令人沮丧的实验结果。

到目前为止，科学家基本还没有确定，

远程联想测试

以下是S. A. 梅德尼克（S. A. Mednick）和M. T. 梅德尼克（M. T. Mednick）在1962年和1967年研究创造力时使用的词语，以及肯尼思·S. 鲍尔斯（Kenneth S. Bowers）及其同事在1990年研究直觉时使用的词语。这些词语每组三个，按难度升序排列，最容易的在前，最难的在后。

三个联想词	答案	三个联想词	答案
Falling Actor Dust	Star	Ache Hunter Cabbage	Head
Broken Clear Eye	Glass	Chamber Staff Box	Music
Skunk Kings Boiled	Cabbage	High Book Sour	Note
Widow Bite Monkey	Spider	Lick Sprinkle Mines	Salt
Bass Complex Sleep	Deep	Pure Blue Fall	Water
Coin Quick Spoon	Silver	Snack Line Birthday	Party
Gold Stool Tender	Bar	Square Telephone Club	Book
Time Hair Stretch	Long	Surprise Wrap Care	Gift
Cracker Union Rabbit	Jack	Ticket Shop Broker	Pawn
Bald Screech Emblem	Eagle	Barrel Root Belly	Beer
Blood Music Cheese	Blue	Blade Witted Weary	Dull
Manners Round Tennis	Table	Cherry Time Smell	Blossom
Off Trumpet Atomic	Blast	Notch Flight Spin	Top
Playing Credit Report	Card	Strap Pocket Time	Watch
Rabbit Cloud House	White	Walker Main Sweeper	Street
Room Blood Salts	Bath	Wicked Bustle Slicker	City
Salt Deep Foam	Sea	Chocolate Fortune Tin	Cookie
Square Cardboard Open	Box	Color Numbers Oil	Paint
Water Tobacco Stove	Pipe	Mouse Sharp Blue	Cheese
		Sandwich Golf Foot	Club

是什么过程能够产生具有创造力的结果。对创造力的案例研究太过于依赖自我报告或事后重建，因此并不可靠。毕竟，“思考某物”和“思考‘思考’”是有很大区别的。

生物学上的推测

针对那些具有创造力的人，学者还进行了其他方面的研究，以找出其创造力天赋的来源，并确定在其家庭背景和成长过程中，有哪些特征可以解释其创造力方面的成功。20 世纪 50 年代，美国心理学家安娜·罗（Anna Row）在这个类别上开展了一项著名的研究。她研究了 40 位著名的自然科学家的传记，发现这些科学家很有可能是男性，很有可能属于中产阶级，很有可能是家中长子，且其父亲很有可能是专业人士。

成功的社会科学家想必是具有创造力的，因此也是研究对象之一。研究发现，社会科学家的经历似乎跟自然科学家有所差别。例如，成功的社会科学家有着明显很高的离婚率。

上述见解带来的启发可能不少，但它们提供的证据都只不过是“传闻”。针对创造力的心理基础或性质，这些见解并没有给出确定的结论。那么，我们可不可以用“科学”研究创造力呢？一些研究人员曾试图将计算机编程为“具有创造力的计算机”，并取得了一些成功。20 世纪 90 年代，科学家帕特·兰利（Pat Langley）开发了一套发掘简单科学规律的计算机程序，而科学家菲利普·约翰逊 - 莱尔德（Philip Johnson-Laird）开发了即兴创作音乐的计算机程序。这些程序的输出结果，在我们人类看来是具有创造性的，可这样的创造性过程似乎没有任何神秘或神奇之处。不过，这一结论并没有让人类进一步理解创造力背后的心理，所以用处不大。

格雷厄姆·沃拉斯的著作

1936 年，英国政治学家、心理学家格雷厄姆·沃拉斯（Graham Wallas）的遗作《思想的艺术》（*The Art of Thought*）出版了。书中对于人类创造过程的描述，是这一领域最为著名的，在一段时间里也是最具影响力的。沃拉斯想了解人类思维的运作方式，从而改进人的思维。

为何人类不能仅仅凭借“努力尝试”来提高解决问题时的创造力呢？这是古希腊哲学家一直思考的问题，而沃拉斯对这个问题尤其感兴趣。换言之，为什么人类

案例研究

具有实用意义的白日梦

“白日梦”，即一个人在清醒状态下，自发地回忆或想象自己或其他人过去或未来的经历。尽管白日梦有时被认为是浪费了本该花在工作上的宝贵时间，但许多科学家认为，白日梦在人类认知中发挥着重要作用，有助于解决问题。

研究表明，白日梦推动人去计划未来，或至少使人有信心这么做。白日梦对未来可能发生情况的预测，使人的头脑中能够提前形成对这些情况的反应，从而提高真正处理这些情况的效率。通过“权衡利弊”，即提前评估其他行动方案的后果，白日梦会对决策有所帮助。此外，白日梦还有助于人在头脑中预演状况。“如果他这么说，那我该怎么回应呢？”与那些突然出现的问题相比，人可以通过这种方式，更好地处理那些已经预料到的问题，因为预知意味着预先防范。

白日梦还帮助人从经验中学习。人回顾自己过去的一切行动（不论这些行动成功与否），并思考这样一个问题：如果当初采取不同的行动，那么会发生什么事呢？有了这样的过程，人就可以为未来制定策略。如果事件发生得太快，人当时无法接受，那么白日梦将有助于人在以后的时间里更好地理解它们。

人们认为，白日梦对创造力也有帮助。对那些天马行空般的可能性做出思考，可以引导、激发人找到新的、有用的解决方法。在对某个问题做白日梦时，人有可能在无意中发现另一个问题的解决方案。每当人在脑海中回顾过去，人必定会以略微不同的角度，重新评价过去。部分原因在于，创造力被认为是“衰败的记忆”。

读者或许会认为，以上对白日梦的描述与其自身经验是有共鸣的。但对科学家来说，问题仍然存在：怎样了解一个人做白日梦的时间呢？这个问题解决了，又怎样了解一个人做白日梦的内容呢？要解决这两个问题，有好几种方法。格雷厄姆·沃拉斯（Graham Wallas）的方法在下文中有所描述。在沃拉斯之前，朱利安·瓦伦东克（Julian Varendonck）使用了回顾性报告的形式来解决问题。他首先回忆一个白日梦的最后部分，然后再回溯到白日梦可能的开头。20 世纪 70 年代，心理学家埃里克·克林格（Eric Klinger）要求被试大声思考并描述自己的思维流。而在另一个方法中，被试将携带一个 BP 机，当它响起时，被试将需要填写一份关于自己刚刚产生的想法的调查问卷。这种方法可能存在的局限性是，如果被试不得不对“思考”进行思考，其思维流可能会被改变或抑制——他们可能会报告似乎发生了什么，而不是真正发生了什么。

不能有意识地控制创造性思维的过程呢？沃拉斯猜测，如果人类真的对创造性思维的过程没有任何控制，那么人类思维的提升也许是不可能实现的。显然，这样的结论虽然有局限性，但也能大大促进人们在整个思维领域的了解。所以，解决问题的一些最重要的步骤是否属于无意识的产物呢？

思考的四个步骤

沃拉斯受到了1921年出版的《白日梦心理学》(*The Psychology of Daydreams*)的影响。《白日梦心理学》是朱利安·瓦伦东克的一项重要著作。书中指出，当人们在做白日梦，或进入了入睡前经历的意识减弱状态，人脑中的各种想法之间就会形成多种多样的联结。这种以前不相关的想法之间所产生的联系，通常被称为“联想”。这让沃拉斯想到，一部分问题解决可能不仅仅发生在人积极思考的时候，还发生在人的无意识的脑海之中。沃拉斯得出的结论是，创造性问题的解决有四个独立的阶段。

> 格雷厄姆·沃拉斯在他的信徒面前像是个聪明人，但他到底会成为什么样的人，我们拭目以待。
>
> ——比阿特丽斯·韦布（Beatrice Webb）

第一阶段是“准备”阶段。在准备阶段，人的思维会对问题进行彻底调查，并试图以多种方式熟悉问题、解决问题。第二阶段被称为“潜伏”阶段。在潜伏阶段，人不会对问题进行有意识的思考，但与此同时，人仍在无意识地努力解决问题。第三阶段是“启发”阶段。在启发阶段，新的问题解决方法会出现，感觉上可能就是灵光一现。根据沃拉斯的说法，第四阶段是“验证”阶段。在验证阶段，解决问题的人将仔细而有意识地测试新的解决方案是否真正有效。

乍一看，这些分类似乎是完全合理的，听上去好像也是在准确地描述普通人的经验。然而，沃拉斯理论的大部分科学基础后来都被否定了。之后的研究人员否定了“潜伏”阶段的存在——他们更倾向于将其解释为“重新开始”，即随着时间推移，人会忘记自己最初走过的错误道路，抑或忘记那些将自己引向错误方向的误导性线索，之后就会找到正确答案。

化合物的模型帮助我们直观了解组成该化合物的原子的排列方式。传说，有位科学家梦见了化学化合物模型，从而推算出一个非常复杂的化学物质的结构。

当人们有意识地思考其他问题时，人的无意识思维是否有可能还在努力寻找某一问题的解决方案？如果是这样的话，那么当遇到棘手的问题时，也许人们要始终保证自己“潜伏”的时间，而沃拉斯自然也认为这一点很重要。沃拉斯指出，自然科学家查尔斯·达尔文之所以拥有出色的创造性解决问题的能力，也许是因为他健康状况不佳，不得不将大部分时间用于放松身心。沃拉斯担心，在当今社会，大学里的科学家可能没有足够的“潜伏”时间。“在牛津大学和剑桥大学，有些人的发明和创造能力，是整个国家未来的智力发展都需要仰仗的，可这些人却不得不亲自负责填表、递交申请等极其烦琐、烦琐到令人担忧的事务。”沃拉斯担心，这可能会“破坏思维‘潜伏’的可能性”。

尽管沃拉斯提出的方法备受怀疑，但依然需要确定他是否正确。有时候，发现解决方法的人会解释自己如何取得重要突破，而这样的解释似乎为无意识过程的重要性提供了证据。最著名的例子之一，是德国化学家弗里德里希·奥古斯特·克库勒（Friedrich August Kekule）的灵感闪现。人们认为，克库勒有一次梦见蛇绕圈移动并追逐自己的尾巴，从而确定苯分子的化学结构是一个由六个碳原子组成的环。当然，梦境是否真正提供了解决问题的关键，这一点还是很难搞清楚的——像这样的叙述可能是隐喻，也可能是事后的合理化。而且，正如前文所述，所谓的“自我报告”在科学上是可疑的。

一些心理学家试图找到“潜伏”存在的实验性证据。这些研究往往给被试提供了思维“潜伏”的机会，从而发现“潜伏”能否使人更有可能找到解决方案。可不幸的是，这些研究得出的结论仍然是不确定的。我们只能说，如果“潜伏”能让解决问题的人有足够的时间消除功能固着，并能清楚、客观地理解问题，那么“潜伏”

有时候就是有帮助的。

> 没有经过逻辑训练的人会通过使用心理模型进行推理。如果一个结论在心理模型的所有前提中都成立，那么这样的结论就是有必要做出的结论。
>
> ——菲利普·约翰逊－莱尔德

提高创造力

创造力能否获得提高，目前还不得而知。尽管如此，许多人还在花时间寻找提高创造力的方法。商业中最常用的技术之一是头脑风暴（brainstorming），也称“观点会议”（ideas meeting）。头脑风暴的起始阶段，会产生大量可能的想法和潜在的问题解决方案，而在此期间，一切的批判和判断都会暂时停止。之后，在产生了许多想法之后，人们会对这些想法进行更仔细的审查。头脑风暴背后的原理是，如果从一开始就采用批判性的方法，或者如果人们“卡”在自己想到的头几个想法上，那么好的想法可能就会消失。你可能有过这样的经历：你提出了一个不完整的想法，却遭到了严厉批评，以至于在你更仔细地整理想法之前，你不愿意再做讨论。

头脑风暴有若干形式，可以由团体或个人使用。头脑风暴会议应该欢迎一切疯狂的想法，鼓励人们提出尽可能多的想法，并尝试将新的想法与之前提出的其他想法相结合。这一切都应该在轻松、友好、非批评性的环境中进行。提出想法的阶段结束后，是时候回头看看所有想法，判断并放弃那些不可行的想法。

头脑风暴很容易被描述为几乎一切问题的解决方案。的确，头脑风暴在许多行业中得到了广泛应用，结果也往往是成功的。然而，对头脑风暴有效性的科学研究却产生了不同的结果——研究发现，头脑风暴存在一大主要问题：想法的数量增加了，但想法的质量却提升不了，甚至可能会降低。

创造性的解决方案也可通过其他技术来产生。视觉上的思考往往很重要。一个著名的例子来自阿尔伯特·爱因斯坦（Albert Einstein），据说他曾想象自己沿着一束光旅行，而这对他的相对论的发展有帮助。比喻和类比可能也有用处。据说，亚历山大·格雷厄姆·贝尔（Alexander Graham Bell）之所以发明了电话，是因为他想到了可能与人耳器官对应的东西。

推理、逻辑与合理性

到目前为止，本章重点讨论了心理学家对人类如何解决不同类型问题的认识，讨论了为何有些问题比其他问题难。然而，解决问题只是思考和推理的一部分。本章现在开始讨论人的逻辑推理能力。

关于一个人应当如何推理，这方面存在着许多规定性的理论，即人们为了从各种事实和前提中得出合乎逻辑的结论而应该遵循的规则。然而，在实践中，人们并不总是以这种方式思考，这使得一些心理学家质疑人类是否真正理性。不过也有人认为这并不矛盾，因为在必要的时候讲究逻辑，在别的时候讲究直觉，这是完全合理的。

在日常生活中，分毫不差的推理不一定是解决问题的最佳方法。有时，人们必须迅速做出决定，也许没有时间详细分析问题。即便有时间，详细分析问题也可能妨碍其他目标的实现。因此，“理性”也许应该被更广泛地定义为“最有可能使目标得以实现的思维过程”，即所谓的“满足性”。“满足性”这一概念是由经济学家、心理学家赫伯特·A. 西蒙提出的，他以前曾与纽厄尔一起研究过通用问题求解程序。“满足性”指的是，有时只要足够好地解决一个问题，抑或是足够准确地回答一个问题或估算某个数量，就是最好的了。计算出一个完美的解决方案并不总是可取的，特别是在计算时间相当长的情况下。理性的做法是，如果继续寻找更好解决方案的成本大于已找到的解决方案所能带来的潜在收益，那么我们最好停止寻找解决方案。换句话说，决定“何时推理不再合适”的能力，其实也是推理的一部分。有时，一个人没有以逻辑学家或哲学家所乐见的方式“把事情想清楚”，不一定是因为此人没有能力这样做，而是因为此人已经当机立断，认为长时间的深思熟虑将浪费时间或不合时宜。

布尔的思维规律

英国人乔治·布尔（George Boole）被普遍视为现代数学的创始人之一。1854年，布尔出版了一本书，试图对推理的原则做出定义。尽管这本书通常被称为《思维规律的研究》（*An Investigation of the Laws*

> 熟悉什么是数字、什么是质量，这不是数学的真谛。
>
> ——乔治·布尔

of Thought），但其全称是《有关逻辑和概率数学理论的基础思想定律的研究》（*An Investigation of the Laws of Thought on Which Are Founded the Mathematical Theories of Logic and Probabilities*）。这个全称很重要，因为它意味着，布尔关注的不仅仅是数学中的证明，还关注各种其他思维，那些让人们从任何类型的问题中得出正确结论的思维。布尔宣称，此书的目标之一是“研究人用以推理的思维操作的基本规律，并用微积分的符号语言来表达它们”。他认为，同样的思维规律可以且应当适用于任何领域，而不仅仅是数学和逻辑。

尽管布尔注意到人们往往不能遵循他

人物传记

乔治·布尔

乔治·布尔生于1815年，基本上是自学成才，从未获得过大学学位，但他仍然成为世界上最重要的数学家之一。布尔的研究形成了计算机技术的基础，也在很大程度上促进了心理学家对人类问题解决的研究。

布尔的早期理论建立在艾萨克·牛顿（Issac Newton）等前人的理论之上。他的首篇公开论文论述了代数和微积分的潜在新用途，论文于1844年发表于某学术期刊。

这篇论文使他在数学领域赢得赞誉，但不久后，他就意识到，这些理论有着更广泛的应用。在1847年的一本小册子中，布尔指出了代数符号与逻辑符号和推理符号之间的类似性。之后，他提出了革命性的建议，即逻辑学应该与数学而非哲学相结合。

布尔促进了符号逻辑基础的建立。今天，计算机电路使用的符号形式，正是所谓的“布尔代数”。布尔于1865年去世，此后很多年里，他的思想被应用于许多他生前不可能想到的东西，如电话和计算机，这些都使用了由他发明的二进制数字。

的“正确推理法则”，但他也意识到，这不能仅仅归咎于人们的思维局限。丹尼尔·卡尼曼（Daniel Kahneman）和阿莫斯·特维斯基（Amos Tversky）等现代心理学家则对人的思维运作方式持完全不同的观点，后者认为，人们对概率的估计经常与数理和统计理论相悖，以至于不可能按照逻辑规则推理。

布尔认为，思想只有在自然环境中工作，才能得到准确的研究。他写道：“我所说的‘体系构成’指的是，某个体系在其被认为可以适应的条件下不受干扰地运转时，所展现出的外在性质。”

换言之，在他看来，要研究人类思想，就必须研究正常、日常环境下运作的人类思想，这一点很重要。

布尔所做的许多工作，都引领了人类思维的主流研究方法，且这些研究方法都是在近期出现的。布尔促使数学、逻辑和人类思维之间的关系得到更为详细的研究与发展。布尔认为，亚里士多德的推理规则并非人类思维的最基本原则。

吉戈伦泽尔的成果

20 世纪下半叶，借助对人类推理能力的详细研究，人们对人类解决问题的能力也有了进一步的科学认识。德国人格尔德·吉戈伦泽尔（Gerd Gigerenzer）等许多心理学家都追随布尔的观点，认为要想证明人类的非理性，是会出错的。吉戈伦泽尔声称，人们有时会把任务搞砸，是因为信息的呈现方式并不自然，抑或是因为自身对任务的理解不同于布置任务的人对任务的理解。

另一条研究路线聚焦于各种逻辑推理任务。同样，许多早期实验似乎显示，有 151 人在面对逻辑推理问题时，做出了非理性的行为，可在 20 世纪 90 年代，心理学家约翰·安德森（John Anderson）等人提出，讨论对象应该是“适应性理性”而非“规范性理性”——换言之，如果某人的行为是对环境和情境的最佳适应，那么即便这种行为不遵守形式逻辑的规则，也应当被视为理性的行为。

每掷一次骰子，预期数字向上的概率是六分之一。

实验

偏见

想象一下，你掷了很多次硬币，连续四次都是正面，然后你被要求在下一次投掷时下注。你极有可能会赌反面向上，因为你合理地认为，早晚会出现反面向上的情况。但事实却是，与之前任何一次反面向上的可能性相比，下一次反面向上的可能性是完全相同的，不会更大也不会更小——机会总是 1∶1，一直都是均等的。

有人问你，在任何一个单词中，字母 k 更有可能出现在第一位还是第三位。你并不是很确定问题的答案，但因为你脑海中以 k 开头的单词比以 k 为第三个字母的单词更多，所以你回答说，字母 k 为首字母的概率更高。显然，你又错了。

生活中到处都是这样的问题，人们不知道，也无法知道什么是正确的，但还是要做出决定。心理学家研究了人们在不知道全貌的情况下，会做出什么样的选择。例如，丹尼尔・卡内曼和阿莫斯・特维斯基在一次实验中告诉被试，有一个叫史蒂夫的人非常害羞和孤僻，总是乐于助人，但对人或对现实世界没有什么兴趣。史蒂夫有着温顺而整洁的灵魂，需要秩序和结构，热衷于细节。

然后，被试被要求猜测史蒂夫的职业——他是图书管理员、音乐家、飞行员、医生还是推销员呢？结果，大多数被试回答说，史蒂夫是图书管理员。

被试正确与否并不重要，重要的是被试得出结论的方式。下面是另一个问题，请在考虑之后给出答案，并思考自己得出结论的过程。本书不会给出正确答案，因为没有正确答案。

琳达现年 31 岁，单身，直率，前途光明。她主修哲学，学生时代的她非常关心歧视问题和社会公正，曾参与政治议题的示威。

现在请按照概率大小为下列选项排序，用 1 表示可能性最大，8 表示可能性最小。

（a）琳达是一名小学教师。

（b）琳达在一家书店工作，上瑜伽课。

（c）琳达积极参加女权运动。

（d）琳达是一名精神病学社会工作者。

（e）琳达是女性选民联盟的一分子。

（f）琳达是一名银行出纳员。

（g）琳达是一名保险销售员。

（h）琳达是一名银行出纳员，是女权运动的积极分子。

即使一个人做出了不理性或不符合逻辑的行为，因而在某些任务中表现不佳，但这不一定意味着，这个人本身就是不理性或不符合逻辑的。相反，更有可能发生的情况是，人脑处理上的限制（如记忆能力受限）酿成了错误，而这个错误也许纯粹是随机和偶然的，没什么特别的原因，也没有任何迹象表明，此人会再次犯下这个错误。另一种可能性是，人的大脑不够大，无法尽善尽美地完成某些任务。第三种可能性是，实验者使用了一套错误的逻辑规则来判断人的表现。所有这些可能性都被用来解释，为什么人类不是非理性的。

概率

对概率的判断，是推理的一大重要领域。未来某个事件发生的可能性有多大呢？一匹马在过去的五场比赛中获胜，这对它赢得第六场比赛的概率有何影响呢？明天是晴天的可能性有多大呢？某人犯下谋杀罪的可能性有多大呢？约三四百年前开始发展的概率论，是此类问题的解决方法。

概率以 0 和 1 之间的数字表示，数字越大意味着概率越大。低概率事件，指的是不太可能发生的事件。例如，掷出一个骰子，任何数字向上的概率都是六分之一（约为 0.16）。从一包 52 张的扑克牌中随机抽出一张牌，抽出梅花 A 的概率较低，为 1/52（大约为 0.02）。

吉戈伦泽尔等人指出，人的思维不能很好地适应那些以概率表达的信息，特别是人很难利用新信息来改变自己对某事发生的概率的看法。

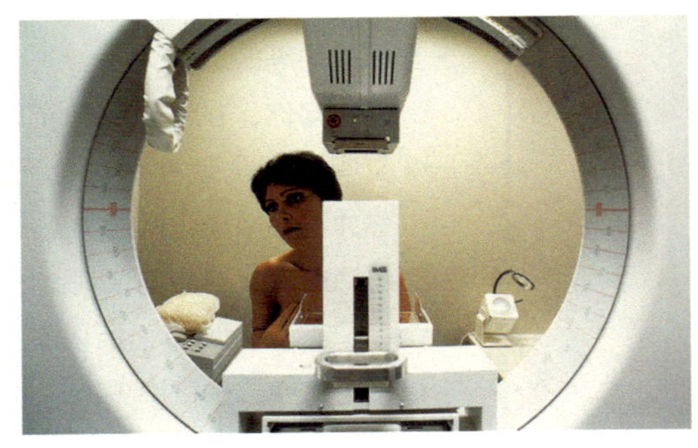

图中这位妇女正在接受乳房 X 光检查。这项检查并非无懈可击，即使她的检查结果为阳性，她也可能并未患乳腺癌。然而，很少有人意识到这一点，因为人解决概率问题的能力很弱。

埃迪测试

1982 年，《美国医学会杂志》（*the Journal of the American Medical Association*）发表了一篇闻名于后世的文章，阐述了人类的这一缺陷。文章的作者是一位名叫戴维·M. 埃迪（David M. Eddy）的医生。埃

实验

解释埃迪测试

想象一下，某镇有1000名妇女，她们均已接受癌症检测，其中癌症患者为1%，未患癌症者占99%。因此，我们可以将该镇的妇女分为两组，一组是患有癌症的10名妇女，另一组是未患癌症的990名妇女。现在考虑一下，如果所有妇女均接受癌症检测，会发生什么情况。对癌症患者而言，癌症检测呈阳性的概率为80%。换言之，在10名患有癌症的妇女中，有8名妇女的癌症检测呈阳性（占80%），而两名妇女的检测呈阴性。现在考虑一下该镇其他妇女，即99%未患癌症者的检测结果。回想一下，对未患癌症者来说，癌症检测呈阳性的概率为10%。这意味着，在990名未患癌症的妇女中，平均有99人（10%）的检测将呈阳性，而其余891人的检测将呈阴性。

癌症检测的最终结果是，在该镇所有妇女中，有107人呈阳性（99人加8人）。然而，在这107名检测呈阳性的妇女中，大多数人并没有患癌症——事实上，其中99名妇女没有患癌。在所有107名检测呈阳性的妇女中，真正患有癌症的只有8人。因此，即使检测结果呈阳性，实际患癌的概率也很小（107人中8人患癌，大约为0.08）。综上所述，仅凭阳性检测结果，是不能得出患癌概率更高这一结论的，但大多数人都会这么做，这些人在得出错误结论时都忽视了一个事实：没有患癌症的妇女要远远多于患癌症的妇女，所以未患癌症的概率是很大的。大多数接受检测的人都没有患癌症，所以，即使癌症检测的准确率很高，但仍然会有很多未患癌症的人得到阳性的检查结果，这是因为准确率没达到百分之百。

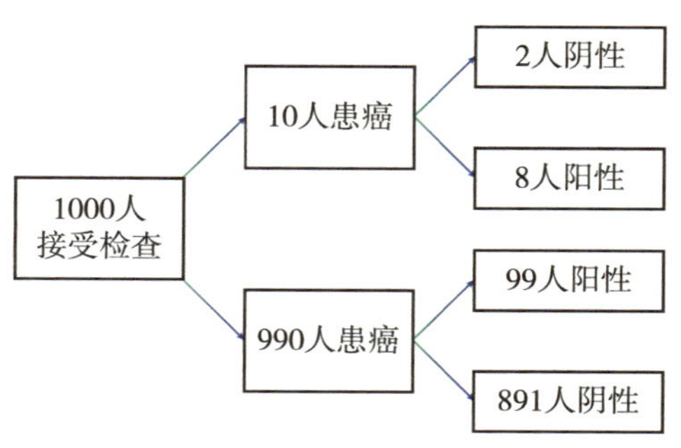

不完美的癌症检测过后，患癌情况如上。

迪发现，即使是医生也不擅长估计医学方面的概率。

假设你是一名医生，你的患者发现自己乳房有肿块，并已接受了乳腺癌检测（乳房 X 光检查），检查结果为阳性。你的工作是告诉这名患者，根据检测结果，她患癌的概率有多大。想象一下，下面三件事情是已知事实：

- 对所有接受乳腺癌检测的女性而言，罹患乳腺癌的概率为 1%（0.01）；
- 对罹患乳腺癌的女性而言，乳腺癌检测结果呈阳性的概率为 80%（0.8）（即所谓的“命中率”）；
- 对没有罹患乳腺癌的女性而言，乳腺癌检测结果呈阳性的概率为 10%（0.1，即所谓的“假阳率”）。

实际上，你现在需要回答的问题是：乳腺癌检测结果呈阳性的患者罹患乳腺癌的概率有多大呢？

许多心理学实验都向被试提出过类似的问题。看着上面的数字，大多数人都会觉得，如果检测结果为阳性，那么患癌概率会是非常高的。大多数人估计，患癌概率会达到 75%（0.75）左右，可实际上的患癌概率只有大约 8%（0.08）——换言之，尽管测试结果为阳性，但患癌概率依然是极小的。为什么正确答案比大多数人想象的要小得多呢？这是因为大多数患者（99%）没有患癌症，所以大多数阳性结果是来自没有患癌但依然阳性的人（别忘了，对没有患癌的人来说，检测结果呈阳性的概率为 10%）。

如果对统计数据的解读有误，那么患者势必会感到不安。有鉴于此，很多专家认为，最好把概率呈现为实际的数字（10 个人当中的 1 个人）而非表示概率的数字（0.1）。

忽视基本比率

上述发现显然具有重大的实际意义。在被问及这种性质的问题时，即使是医生往往也会做出错误的假设，认为如果检测结果为阳性，则患病概率一定很高。这个基本错误通常被称为“忽略先验概率”或“忽略基本比率”，两者说法不同，但表达的内容是一样的：人们在计算概率的时候，似乎不会去考虑这么一个问题，即如果新出现的证据没有出现，那么目标事件发生的概率还会是多大。在乳腺癌的例子中，先验概率（即基本比率）是 1%。换言之，在全部接受检测之前，100 名妇女中只有一个人可能患有乳腺癌，可人们在推断概率的时候并没有考虑这一点。

心理学家埃贡·布伦斯维克（Egon Brunswik）认为，只有在现实且自然的情况下测试人的推理，才能做到评估的公平性。这一点与乔治·布尔提出的观点相似。同时，吉戈伦泽尔发现，人无法准确计算概率（即所谓的“基本比率忽略”现象）不是因为人在根本上无能或非理性，而是因为人被迫以非自然的方式处理信息。人的推理能力已经进化了几万年，而概率论只是发展了几百年而已。

吉戈伦泽尔进一步指出，在更加自然的情况下，人们会通过许多具体的事例来获取信息。例如，人们会遇到各种各样的患者：得了病的患者、没得病的患者、有症状的患者、无症状的患者……根据这一说法，如果以实际频率而不是以抽象概率呈现信息，那么人们将能做出更加准确的估计。吉戈伦泽尔团队开展了很多相关实验，实验结果大致显示，如果以频率而非概率呈现信息，那么概率的计算将更加容易。

这一结论虽然备受争议，但其理论应用和实践应用是相当重要的。

如果以概率的形式呈现信息，那么“概率”这一概念可以说是模糊的。事实上，吉戈伦泽尔提出，如果假设普通人对“概率”的解释不同于设计实验的心理学家

人物传记

埃贡·布伦斯维克

埃贡·布伦斯维克出生于匈牙利布达佩斯，曾在奥地利维也纳大学学习心理学，1927 年获得博士学位。1931 年起，他在安卡拉大学担任客座讲师，为期一年。在安卡拉大学，他建立了土耳其的第一个心理学实验室。1935 年，他获得加利福尼亚大学的洛克菲勒奖学金。他定居于美国伯克利市，1943 年成为美国公民，1947 年成为心理学教授。他提出了“概率功能主义”（probabilistic functionalism）的概念，其基本原则是，在不确定的环境之下，生物体必须采取最可能达到目标的手段来适应环境。在他看来，这有助于解释为何人们使用明显不理性的方法来解决问题及做出推理。埃贡·布伦斯维克还是一位多产的作家，许多著作都和心理学历史有关。2000 年 1 月，布伦斯维克于 1952 年出版的《心理学概念结构》（*The Conceptual Framework of Psychology*）被列入 20 世纪最具影响力的 100 部作品的名单中。

和研究人员，那么就可以将普通人对概率的推理解释为“理性”。

> 无限理性论者都承认，自己的理论要求人们拥有不现实的心理能力。
>
> ——格尔德·吉戈伦泽尔

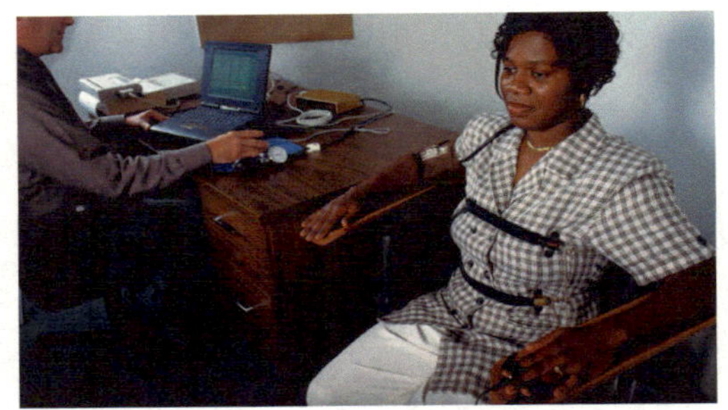

图中这位妇女正在接受测谎仪测试。测谎仪是有用的，但还不能可靠地分辨真相与谎言。

图中的男子站在警戒线前，手持一份写有“成百上千人在大地震中遇难”的报纸。这就是美国旧金山一场地震过后的景象。旧金山地处圣安德烈亚斯断层，因此地震在当地并不是一件意想不到的事情。可是，由于每发生一次震动就会吸引报纸头条的关注，所以当地人往往会高估震动次数。

有关 HIV 的咨询

如果以概率的形式呈现信息，有些人就会在医学方面做出错误推断，但如果以频率的形式呈现相同的信息，那么同样的人给出的回答可能会更准确。人类免疫缺陷病毒（HIV）检测就是一个例子。近年来，对低风险人群进行 HIV 检测是很常见的。比如说，献血或申请人寿保险之前就需要检测 HIV。很明显，如果受检人员被错误地告知 HIV 检测呈阳性的后果，那么后果将十分严重。这个问题与之前讨论的问题基本相同：如果一个人在标准的 HIV 检测中呈阳性，那么此人有多大可能感染 HIV 呢？

德国的错误

吉戈伦泽尔团队在 20 世纪 90 年代研究了德国的某个群体。当时，对于整个样本组而言，即使检测结果呈阳性，实际感染 HIV 的概率也相当小，只有 50% 左右（0.5）。对于年轻人、未吸食毒品的人、异性恋男性等低风险人群而言，即使检测结果呈阳性，两个人当中也只有大约一个人实际感染 HIV。

为研究对检测结果呈阳性的人应当给予什么样的实际建议，一名调查员前往德国的 20 所 HIV 检测和咨询中心，接受了每一所中心的 HIV 检测，还接受了关于如何解释阳性结果的咨询。调查员明确表示自己来自低风险人群，并向咨询师询问了阳性结果的意义。为获得必要的详细信息，调查员的提问均经过精心设计，例如，其中一个问题是："如果一个人没有感染 HIV，检测结果有没有可能呈阳性呢？"大多数咨询师都回答说，可能性很小或不存在，但这一答复与实际不符。另一个问题是："在风险人群中，一个男人在得到阳性检测结果后，实际感染 HIV 的概率是多少呢？"20 位咨询师中有 15 位回答"一定会感染"或"几乎一定会感染"，可实际感染概率只有 50% 左右。

图中的德国学童正在阅读艾滋病和 HIV 的科普书籍。研究表明，该国医疗部门提供的部分信息是不准确且具有误导性的，令人担忧。

这一调查显然得出了非常严重的发现，显示出德国的相关人士在推理上犯下的错误，向 HIV 受检者给予了错误的意见，并且会对受检者造成严重的不利影响。更加人道、更加准确的做法，是告知 HIV 受检者，即便检测结果呈阳性，两个人当中也只有不到一个人会真正罹患免疫缺陷综合征（即"艾滋病"）。

上述研究中可以得出两个明显的结论。第一，如果以概率的形式呈现信息，那么在处理这些信息时会有困难。第二，如果以不同形式呈现相同信息，那么将有可能大幅提升人处理信息的准确度。

对频率的估计

另一个已经确立的发现是，人往往会高估低概率事件、低估高概率事件发生的机会。例如，1978 年，保罗·斯洛维克（Paul Slovic）、巴鲁克·菲施霍夫（Baruch Fischhoff）和萨拉·利希滕施泰因（Sarah Lichtenstein）在研究中要求被试估计各种死因的频率。结果，被试一概高估了殊不寻常的死因（如死于洪水或龙卷风）。这说明，人们倾向于认为，死于龙卷风或洪水等事件的人数，要远远多于实际情况。而心脏病、癌症等一般的死因往往会被低估。

现实与感觉之间有着如此差异，这应该怎么解释呢？心理学家丹尼尔·卡内曼和阿莫斯·特维斯基等研究者指出，这样的差异是因为，被试做出判断的依据是类似事件在自己记忆中的“可得性”（availability）。要回答某事将会在未来发生多少次，人们首先会考虑这样的事已经在过去发生了多少次。

人们想到某种原因的死亡事件越多，就会认为这种死因的发生频率越高。如果这就是人估计频率的方式，那么就能解释为什么人会做出错误的估计。特殊的死亡事件（如游乐场设施发生故障致人死亡）很可能会被媒体报道，几乎所有人都可能会听说。可是，死亡事件越是寻常，新闻价值就越低。这就是为什么人们会高估游乐场设施发生故障致人死亡的频率，因为相比其他更加普通、上不了新闻的死亡事件来说，游乐场致死事件给人的印象更深。这样的思考方式就会让人得出错误的结论，

图中展示的是一场飓风过后的景象。美国堪萨斯州发生自然灾害的概率是多少呢？美国佛蒙特州发生自然灾害的概率比堪萨斯州高还是低呢？大多数人既不知道问题的答案，也不知道怎样计算出答案。

但这并不一定意味着，人无法理性思考，或人解决问题的能力有缺陷。毕竟，人能取得的数据是不足够的，人也只是在自己所处的情况之下，尽可能完善地运用不足够的数据。

> 经济分析总是建立在参与者理性抉择的前提下，但卡尼曼和特维斯基对这一前提提出了挑战。
>
> ——肯尼思·阿罗（Kenneth Arrow）等人于 1996 年发表的著作

启发式

“可得性”就是人们使用“启发式”（heuristic）的一个例子。“启发式”指人们在解决问题或推理时使用的捷径，其英语“heuristic”取自希腊语的“发现”。人们已经发现，要以一种完全系统化的方式解决问题、思考答案，是不可能的。就算有可能，那也需要很长的计算时间。因此，卡尼曼和特维斯基指出，人们可以使用启发式来解决问题。使用启发式的好处是，它能让人以一种速度更快、心理消耗更少的方式得到问题的近似答案，但缺点在于，在某些情况下，启发式会让人得出错误答案。如上所述，人们在估计死因发生频率时使用了可得性启发法，很好地体现了启发式的缺点。

过度自信也是一大现象。如果提出一个事实性问题（如“尼日利亚的首都在哪”“‘accommodation’怎么拼”），那么回答问题的人往往不确定自己提供的答案是否正确。然而，如果要求被试估计自己有多大可能是正确的，那么被试往往会过度自信。例如，如果被试说自己正确的可能性有 85%，那么实际上这一可能性只有大约 65%。但有的时候，对于自己很可能答错的问题，被试可能会不够自信。因此，总体而言，对于自己正确与否，人们往往会做出比真实情况更加极端的判断。

这是否和之前估计阳性受检者患癌概率（人们系统性犯错的又一事例）有着相似之处呢？不一定。在之前的医学诊断事例中，人们对“概率”一词的含义有着其他的解读，不是“从长期来看，你正确的频率有多大”。为了研究这一点，吉戈伦泽尔改变了向被试提问的方式。他不问被试对自己的答案有多肯定，而是问被试有多少次认为自己的回答是正确的。他发现，如果用这种方式提问，那么被试给出的回答将更准确。上述案例似乎说明，被试没有犯错，只是被试解读问题的方式与提问者不同。

显而易见，人有能力精确判断自己正确的可能性。例如，气象学家需要经常判断可能性大小，其发布的气象预报需要巧妙准备、字斟句酌，将错误的可能性降到最低。

做出决定

一旦人对某个问题掌握了（或认为自己掌握了）足够多的信息，人就会做出决定。所做出的决定不一定是正确的，有时甚至是不理性的，但很有可能是人在当时的情况下所能做出的最佳决定，因为人用以做出决定的信息是不完整的，这一点几乎不可避免，且人的判断不太可能是完美或完全客观的。

锚定与调整启发法（anchoring and adjustment heuristic）往往是人们如此做出决定所使用的方法。使用这一方法的人在估计数量或概率时，似乎会先处理一些数字或估计值（可能已经由实验者提供），然后从那个起点出发调整自己的估计，但这样的调整可能是不足够的。一些研究已从锚定顾客消费决定的行为中，发现了强有力的证据。例如，想象一下，有家店在搞促销活动，旨在尽可能多地售出罐装汤。店长可以挂出一个标语，写着“罐装汤促销”。店长可以对每名顾客最多可购买的罐装汤数量设限，但也可以不设限。20 世纪 90 年代，心理学家布赖恩·万辛克（Brian Wansink）通过研究发现，在类似的促销活动中，如果促销海报上写着“每位顾客最多购买 12 罐”，那么平均销售量将比不宣布数量限制的情况多出一倍。

> 人所得到的信息，应该是那些能自然而然与自己思考概率的方式结合起来的信息。
>
> ——史蒂文·平克

一件衣服原价 700 美元，打五折；另一件衣服原价 1750 美元，打两折，这两件衣服之间的差价是多少呢？答案是 0，但顾客可能偏爱更大的折扣力度，最终到底买了什么，也许并不重要。

分区定价

“分区定价”也是锚定顾客消费决定的形式之一。例如，假设有人要从两家网上书店中选择一家购买某本小说。其中一家书店以 12.95 美元的单价销售该小说，外加 3.95 美元的运送和处理费。另一家书店则以 11.95 美元的单价销售该小说，外加 4.95 美元的运送和处理费。两家书店的总价一样，但在 20 世纪 90 年代，心理学家维基·莫维茨（Vicki Morwitz）团队发现，顾客有时更青睐书的单价更低的选项。据称，这是因为顾客会锚定于主要价格（即书本身的价格），不会为额外的运送处理费做出充分调整。

此外，如果在一段时间后要求顾客回忆商品的单价，那么顾客往往只能回忆起所有价格组成中数字更大的那个价格。

当然，在实际生活中，其他的因素可能也很重要。顾客没有把运送费、包装费等考虑进去，也许是由于这些额外费用以小号字体显示的缘故。而且，顾客往往只是记住书的单价，而不是包含额外费用的实付价格。可是，总体来看，在一系列现实情境下，顾客是会使用锚定启发法的，这一点已经有了很多证据加以佐证。

商店和企业开展的促销活动，使那些急于弄清什么是最佳价值的顾客在解决这一问题上遇到了很大困难。

损失规避

至于另外几种推理偏见，我们可以通过顾客消费选择和购买行为的例子来说明。一个是“损失规避”（loss aversion）。“损失规避”大致的意思是指，损失 100 美元所造成的沮丧，比获得 100 美元所带来的欢悦要来得多。例如，请思考一下，针对同样的一些商品，某店要对使用现金支付的顾客和使用信用卡支付的顾客收取不同的价格，请问店主该如何向顾客表达这一点？有两种方法，一是将其宣传为“现金折扣”，二是将其宣传为“信用卡附加费”。研究表明，如果价格差异被表述为“现金折扣”，则顾客更有可能使用信用卡支付，即便这两种情形下的实际价格变化是相同的。这是因为，“信用卡附加费”听起来像是一种令人不快、应当避免的损失。卡尼曼和特维斯基开发了一个详细的数学模型，来描述大量的系统性推理和类似的选择偏好，这一理论被称为“展望理论”（prospect theory）。

心理账户

“风险规避”（risk aversion）这一概念与损失规避相关联。总体来说，人们不喜欢风险，但与创造收益相比，人们更愿意冒着风险避开损失。想想人们为什么会规避风险。下一页上的图表显示一个人的“效用”（utility）随此人赚钱数额的增长情况。

简单来说，“效用”是一个人向其所求之物靠近的幅度，在某种程度上与“幸福”相类似，但是把“效用”与“幸福”相比实际上并不精确，因为人想要的可能不只是“幸福”。人们通常认为，随着赚钱数额的增长，“效用”增加的速度会放缓。思考这个问题的一种方式是，两倍的钱会带给你更多的快乐，但并非两倍的快乐。例如，买彩票赢了 100 美元可能会给你 6 个单位的额外效用，但买彩票赢 200 美元可能给你 10 个单位的效用，比 100 美元给你的 6 个单位要多，但并不是两倍。因此，请想一想，你是愿意选择以 100% 的机会赢 100 美元的彩票，还是以 50% 的机会赢 200 美元。大多数人倾向于必赢 100 美元的选择——这是因为，大多数人都属于经济学家所说的风险厌恶者，即大多数人都更喜欢收益小但确定性高的选择。这一点可以用效用曲线来解释。在效用曲线中，100 美元对应 6 个单位的效用，而以 50% 的机会赢得的 200 美元，只对应 5 个单位的效用。换言之，如果你赢得 200 美元的奖金，你获得一半的效用只是 100 美元的一半。

上述理论带来一个隐含的结论：商品折扣如果分开呈现，将更加吸引顾客。例如，一台电视和一部 DVD 播放机可以成对出售，也可以打包成套销售，这两件商品的价格总共已经下降 200 美元。但是，如果这场促销活动以电视降价 100 美元、DVD 机降价 100 美元的方式呈现，而不是以两件商品合并起来降价 200 美元的方式呈现，那么营销效果将翻倍，原因如上所述。两件商品各降价 100 美元所带来的效用是 2 × 6 = 12 个单位，但单次 200 美元的降价看上去不那么吸引人，因为它带来的效用只有 10 个单位。一些研究也确认了这个理论，这些研究表明相反的理论适用于涨价的情况，涨价被大多数人都视为损失。

> 如果你准备进军新的领域，你应该对这个领域做出彻底的研究，对吗？不对！这个观点是有漏洞的。
>
> ——爱德华·德·波诺（Edward de Bono）

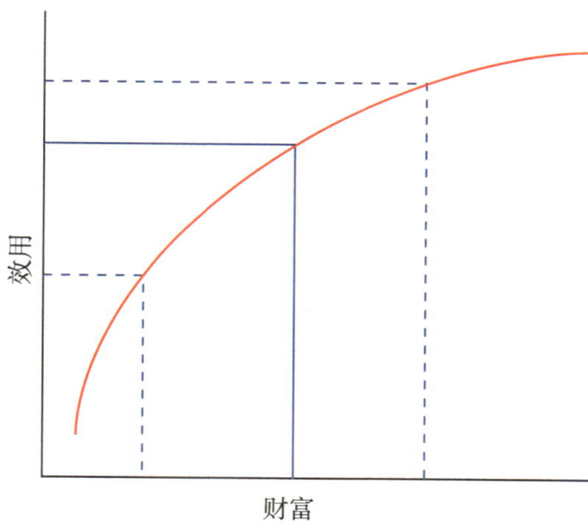

在经济学中，效用随财富增长而增长。但是，如果财富和效用直接成正比，那么效用－财富曲线应呈45度角上升，但实际上，这条曲线并非呈45度角上升，反而有下滑之势。这说明，两辆法拉利带给我们的快乐比一辆法拉利要多，但不是一辆法拉利的两倍。

还有没有提升的空间

那么，人的推理能力和问题解决能力是否可以通过教育来提升呢？一个学派的观点指出，教育的主要目的，是教授可应用于任何情境的一般思维技能和批判性思维。另一种观点则认为，教育主要是为了教授事实，使学生理解语言、地理、数学等特定学科的知识。1933年出生于马耳他的英国心理学家爱德华·德·波诺等众多心理学家时不时会去探寻提高人类创造力和问题解决能力的方法。这有没有可能做到呢？在推理能力和问题解决能力方面，一个最普遍的问题是，人在解决问题的时候总喜欢盯着过去的解决方法不放。

人往往很难摆脱自己已经知道或自认为已经知道的东西。因此，一个很有用的普遍规则就是“不断寻找其他可能性”。鼓励学生相信自己能够通过自身思考解决问题、得出正确结论，显然是很重要的。不少例子都已证明，人的直觉有时可以错得离谱。所以，一定要让人们知道，自己的先入之见往往是具有误导性的，仔细考虑证据总是很重要的。

可迁移技能

任何“思维教育”的尝试都存在一个潜在问题，就是很难确保学生可以把所学技能从学习时的情境迁移到实际运用当中，而实际运用往往与教学情境略有不同，且更加复杂。这一领域有着各种各样的发现。一些研究显示，对统计结果的训练，似乎可以使被试在教室之外对需要用到统计数据的问题作出更好的回答。

在其他研究中，研究人员向被试教授了非常普遍的策略，来提升其表现。20世纪80年代，心理学家乔纳森·巴伦（Jonathan Baron）团队开设了一个简单的训练课程，并获得了一些成功。该课程着重教授三大规则，其中每个规则都是用来解决一般性问题的。例如，其中一个规则是“花点时间思考”，让学生碰到问题不要总是急匆匆地下定论。另一个规则是“一定要考虑其他选项”，鼓励学生在解决问题的时候考虑其他的可能性，尽可能延迟做出决定。最后一个是“坚持到底”，鼓励学生坚持。在一些实验中，研究者鼓励被试学生从自己观点的反面出发来思考问题。同样，似乎存在证据表明，经过鼓励，人是可以怀着开放的思想来思考问题的。可是，最糟糕的情况是，这样的教育只是俗人之见，对学生没什么效果。

形式逻辑

本章最后一部分将探讨人怎样实施，甚至应当怎样实施逻辑推理任务。人类从古希腊时期就开始探寻这个问题了。亚里士多德很关注一种特定的推理方法，即演绎推理法。例如，请思考如下所示的“三段论”（syllogism）：

所有孩子都是快乐的，（论点一）

安德鲁是个孩子，（论点二）

因此安德鲁是快乐的。（结论）

三段论从两个论点当中得出结论。古代哲学家研究的逻辑规则，只能确保你可以凭借两个正确论点（前提）来得出一个正确结论。

因此，论点的正确性取决于两个因素，一是前提的正确性，二是论点的结构与逻辑的规则相符。在上面的例子中，论点的结构是正确的。如果“所有孩子都是快乐的”为真，“安德鲁是个孩子”亦为真，那么逻辑的规则将为“安德鲁是快乐的”这一结论的正确性带来绝对的保障。

当然，遗憾的是，现实中不可能所有孩子都是快乐的，所以结论的绝对正确性也得不到保障。然而，这不是由于逻辑规则有问题，而是由于某个起点（前提）恰巧出了错，这一点很重要。如果遵循逻辑规律，那么能够得到保证的是，只有在前提正确的情况下，精确的结论才可以被导出。这些规则是非常普遍的，适用于一切结论和前提，不论其内容为何。请思考下面这个规则：P → Q。

这是逻辑符号，表达“若 P 为真，则 Q 为真”。P 和 Q 各自代表任何一个简单的论点。例如，P 可以代表“下雪了”，Q 可以代表“外面很冷”。这样就可以得出结论：“如果下雪了，外面就会很冷。”

但是，了解“P → Q”还能帮助我们得出其他结论。例如，假设我们知道 Q 为假，那么就可以得出结论，P 亦为假。这是因为，若 P 为真，则 Q 为真。因此，若 P 为假，则 Q 必为假。不论 P 和 Q 代表什么，这一点都不会变。

西班牙天才画家、雕刻家巴勃罗·毕加索（Pablo Picasso）的肖像。描述他的作品不难，但要了解他作画时的想法以及他在画中表达的想法，就不那么容易了。

在下雪的例子中，我们还可以得出结论，如果“外面不冷”，那么就“没有在下雪”。这个逻辑规则适用于一切观点，十分强大。

实验

三段论

所有艺术家都是养蜂人，所有养蜂人都是化学家。从这两项前提中，大多数人很容易就能得出结论：“所有艺术家都是化学家。”然而，有些三段论比这个例子要难得多。比如说，从上述两项前提中是否还可以得出其他结论？例如，“一些艺术家不是养蜂人。”“所有化学家都是养蜂人。”

大多数人发现进一步推理要难得多，部分是由于人自身的问题解决技能的局限性，部分是由于三段论本身的固有缺陷。

现实生活中的逻辑

逻辑规则，指人应当怎样处理现有信息才能确保推理正确。心理学家对此进行了广泛调研。然而，人实际上怎样进行推理，这完全是另外一个问题。当你阅读有关“三段论”的内容时，你可能会发现，第一个三段论比第二个三段论更容易理解。为了解释人犯下的各种错误，为了解释为什么有些三段论比其他的更难，人们已经提出了若干理论，但这些是很难用标准的逻辑规则来解释的，尽管很多人都尝试过。其中最有名的一个替代说法是由菲利普·约翰逊-莱尔德（Philip Johnson-Laird）提出的，他和他在普林斯顿大学的同事认为，没有逻辑规则也可以进行推理。约翰逊-莱尔德提出，面对对偶论时，人会构建一个“心理模型”，即三段论前提及其涉及对象的脑中形象。为三段论前提构建心理模型后，人可以检查这个模型，看看在同一模型中还有哪些其他的论点可能是真的，然后就可以把这些其他的论点也作为结论。约翰逊-莱尔德认为，这种说法可以用来解释人在三段论推理中常犯的错误类型。

* * *

本章研究了若干不同推理错误的案例，并试图说明这样的推理错误如何对人解决问题的能力造成限制。人无法完成任务（特别是当人清楚知道规则时）的原因有时候不明确，但这也往往使得问题解决的本质变得清晰起来。

人们往往会从上面这些发现中得出结论：“人类是不理性的。”然而，研究表明，在许多情况下，人的确在以正确且合乎逻辑的方式执行任务，但人会把自己面对的问题当作一种不同于实验者意图的问题。选错解决方法的人，不是没有理解问题，而是没有理解实验者发出的指示，抑或是实验者根本没给出任何指示。

这一结论得到了许多案例的支持。在这些案例中，当信息以人认为自然的方式呈现给人的时候，人对概率的推理会更加正确。至于创造力，虽然人可以描述它的一些技巧，但它的本质——例如，将一个画家从工匠变成天才的灵感——仍然是一个谜。

版权声明